JN168786

改訂新版

油脂化学の知識

原　著
原田一郎
改訂編著
戸谷洋一郎

幸書房

改訂新版

は　し　が　き

本書の初版『油脂化学の知識』は昭和45（1970）年に財団法人 杉山産業化学研究所所長であった故原田一郎先生が当時の石油化学工業や合成化学工業のめざましい進展に伴って，それまで我が国の化学工業の原料として主要な地位を占めていた天然油脂が退潮してゆくことを憂えて，油脂化学分野の基礎的な研究，知見の裾野を広げるべく，世に送り出した労作である．

この初版本は好評のうちに改訂版4刷を重ねて，昭和55（1980）年に全面的な改訂を行った増補版を刊行し，平成14（2002）年に改訂増補第3版3刷まで増刷された．その間，原田先生は福井大学や静岡女子大学の教授として，さらに杉山産業化学研究所理事長として蓄積された研究･教育の豊富な経験を32年間に亘って『油脂化学の知識』に盛り込んで来られた．

このように長寿の油脂化学に関する専門書は希有なことであるが，これは偏に原田先生の油脂化学に向かう真摯な姿と後進に対する愛情と期待に多くの読者が共感し，感銘を受けたことによるものと思われる．

しかし，改訂増補第3版3刷の出版以来，すでに12年が過ぎ，日進月歩する油脂化学の学術・技術の動向を理解する上で必須の基礎知識を涵養するために，体裁を新訂版として新たにすることが幸書房の夏野雅博社長から提案された．それ故，本書の構成や章立てはほぼ従来の体裁を守り，新たに第X章「機能性油脂の現状と可能性」と第XI章「界面活性剤」を付け加えた．

油脂化学に関する入門書や専門書が非常に少ない昨今にあって，新訂版を世に送り出すことは時宜にかなったことであると夏野氏の意向に賛同したものの，元より浅学非才の身には荷の重いことであり，内容に誤りや不正確な記述あるいは古い情報などがあるかも知れないので，読者諸兄姉のご教示・ご訂正をお願いするものである．

本書が油脂化学の領域で活躍することを志す研究者・技術者・学生のお役に立つことを切に願って止まない．

2015年3月

改訂編者

は し が き

近年，石油化学工業，合成化学工業などのめざましい進展にともない，これらの工業の産物である安価な合成品が，われわれの日常生活の衣と住の分野に急速にとり入れられ，天然物はしだいに貴重品，高級品の座へと追いやられつつある．天然物を主体としてきた食品界においても，化学合成，あるいは微生物による生合成を利用して，食糧としてのタンパク質，油脂，糖質を人工的に製造する時代は目の前にきているといえる．

しかし，油脂の合成，タンパク質の合成など一見はなやかに見える産業も，じつは基礎的な研究，知識の地道な積み重ねの上に成り立つものであって，基礎知見の裾野を広げないかぎりは，頂上をきわめることはむつかしいであろう．

本書は幸書房の要請により，油脂の生産，販売にたずさわる実業人，ならびにこれから食品化学，油脂化学の門をくぐろうと志す学生に，油脂化学の基礎知識を与えることを目的として執筆した．読み返してみると著者がこれまでたずさわってきた仕事の関係から，食用油脂の性質に重点がおかれているので，「食用油脂の基礎知識」と題した方が適当かもしれない．なお，油脂化学の基礎に主眼を置き，油脂の製造と二次加工などの応用分野，脂肪酸の化学などの関連分野は割愛した．

本書は入門解説書であるから，できるかぎり平易を旨としたが，最新の知見はなるべくとり入れたつもりである．化学に関する素養のない人でもわかるようにとの方針で書いたので，最初の数章は読者のレベルによっては不要であろう．

本書は厳密な意味での学術書ではないので，物質の化学名は文部省，学会などの制定した学術用語にとらわれずに，われわれが日常，慣用的に用いている呼び名をそのまま表音式に記し，できるかぎり英語式に統一した（例，ヒドロペルオキシドはハイドロパーオキサイド，アルデヒドはアルデハイド，エルカ酸はエルシン酸など）．

（注） 新訂版では原則として学術用語の表記に従った．

巻末に，昭和44年4月に公布された改正植物油脂日本農林規格を採録したが，本規格は油糧対策協議会技術部会の諸氏が，長期にわたり広範な資料にもとづいて慎重に審議作成された労作であって，植物油脂の性状，特数に関する現時点での決定版ともいえるものである．したがって，本文中においては個々の油脂の性状，特数をかかげる煩を避け，必要に応じ巻末の本規格を参照願うこととした．また，これらの数値の測定法の詳細についても，付録の規格測定法を参照されたい．

（注） 新訂版では平成26年8月29日改正「食用植物油脂の日本農林規格」を採録した．

本書の執筆にあたり参考とした著書，文献は下記の通りで，本文中の図表の一部はこれらの中から引用させていただいた．ここに記して，著者に感謝の意を表わすしだいである．

1) F. D. Gunstone: An Introduction to the Chemistry and Biochemistry of Fatty Acids and their Glycerides, Chapman & Hall, London, 1967.

2) K. A. Williams: Oils, Fats and Fatty Foods, J. & A. Churchill, London, 1966.

3) P. Karlson: Introduction to Modern Biochemistry, Academic Press, New York, 1963.

4) The Chemistry of Glycerides, A Unilever Educational Booklet ——Advanced Series, No. 4 (1965).

5) N. M. Emanuel and Yu. N. Lyaskovskaya: The Inhibition of Fat Oxidation Processes, Pergamon Press, London, 1967.

6) J. of the American Oil Chem. Soc.

7) Fette・Seifen・Anstrichmittel

8) 松下雪郎：食品生化学，共立出版，1968.

9) 日本油化学協会編：基準油脂分析試験法，朝倉書店，1966.

著者の浅学のため，内容にあるいは誤まった記述や独断，専見があるかもしれない．読者の御教示を切に御願いしたい．

この小著をまとめるにあたり，貴重な実験資料の提供を受けた財団法人杉山産業化学研究所の所員各位，ならびに図表の浄書を御願いした同所員菰田衛氏に心から御礼を申し上げる．また，出版にあたっての幸書房西園隆泰氏，籠浦佳克氏の労に感謝の意を表するしだいである．

昭和45年1月

原 著 者

改訂増補第三版にあたり

このささやかな小著が世に出たのは1970年，今を去る20有余年前である．爾来，今日まで幾星霜にわたり，この小著を育てて下さった多数の読者各位に，心から感謝の気持を捧げたい．今，私には，著者が油脂に対し抱いている愛着の気持が，読者にもそれとなく通じたのではないか？　との思いがある．

前回の改訂から，すでに6年が経過した．近年，油脂関連の学問は他の自然科学分野と同様，目覚ましい進歩を遂げたが，中でも成人病予防の見地から脂質の生理調節機能の解明が重視され，特定の高度不飽和脂肪酸，リン脂質，リポタンパク質や糖脂質などの生体内での微妙な働きが次第に明らかとなり，食物に含まれる脂肪酸の質と量の再吟味が必要な時代となってきた．

今回の改訂にあたっては，入門書としての本書の目的に副って，原料作物の品種改良による，革命的な性状変化が定着したナタネ油についての修正，論議の賑やかな「脂質と健康」の問題を理解する為に必要な基礎知識の追加などを中心に，油脂をめぐる知識の進歩への対応に留意した．

本書が，これまで以上に多数の読者に親しまれ，御役に立つことを祈って止まない．

平成4年6月

原 著 者

目　次

I 脂　質

1. 油脂と脂質

“食用油, 油脂, 脂肪”といえば, ある人はすぐ天ぷら油やサラダ油, バターやラードを連想するだろう. またある人は, エビ天やトンカツなど油脂を使って調理した食べものを思い出すかもしれない.

油脂とはいずれもトリアシルグリセリン構造 (Ⅲ, 31 ページ参照) をとり, 常温で液体の“油”と固体の“脂肪”をまとめて言うときの用語であるが, このように, 油脂や脂肪という用語は, われわれの食生活を通じて日常きわめて身近に使われている. しかし, 近年それらの用語とともに“脂質”という用語がしばしば用いられている. 本書においても油脂を理解するために, 油脂というグループを包含する脂質についてあらかじめ記述して, 油脂, 脂肪, 脂肪酸などとの関連を紹介したい.

脂質とは, ①水に不溶であること, ②ヘキサンやエチルエーテルのような代表的な有機溶媒に可溶であること, ③分子内に長鎖炭化水素基をもつこと, ④生物体に存在するか, 生物体由来のもの, と大まかに定義されている. それ故, 脂質には油脂以外にも油脂を構成する脂肪酸や, 油脂と関連の深い高級脂肪酸と高級アルコールのエステルであるロウ (wax) をはじめリン脂質, 糖脂質, 硫脂質, 長鎖アルコール, 長鎖アルデヒド, 長鎖炭化水素, 脂溶性ビタミン，カロテノイド，ステロールなども含まれる．また，脂質は狭義にアシルグリセリンやロウのような単純脂質，リン脂質や糖脂質のような複合脂質および脂肪酸のような誘導脂質に分類されることもある．そして，その性質は同じ動植物体の成分であるタンパク質および糖質の性質とはっきり区別される．

脂質のうちで油脂は，動物や植物の体内に多量に含まれていて取り出すことが容易なため，太古から灯火用あるいは食用として人類の実生活に利用され，したがって油脂の性状についての研究は他の脂質にくらべて最も進んでいるといえる．ところが油脂以外の脂質は，生物体での含量が少なく，他の物質と結合したり，共存する場合が多くて純粋な形で取り出すことが困難なため，その研究は油脂よりも遅れている．それぞれの脂質の生体内での作用の詳細は現在でも不明な点が多いが，分子生物学の発展とともに脂質の新しい機能が次々と発見され，その重要性が再認識されつつある．

脂質の種類と，生物体成分としての重要性を知るために，生物の世界でのその分布と働きを一通り調べてみよう．

2.　生物界における脂質の分布とその働き

動植物はもちろんのこと，バクテリアやカビ，酵母などの微生物にいたるまで，脂質はあらゆる生物のすべての体組織にわたって広く分布しているが，生物の種類により脂質の種類も違っており，また同じ生物でも組織の場所により含まれる脂質の種類と量が大きく変わっている．

脂質が，生体のすべての部分に分布していることは，とりもなおさずその生理的な働きの重要性を意味しているわけで，生体での分布がわかっても，それぞれの脂質の微妙な作用を解き明かすことは容易なことではない．油脂などの比較的構造の簡単な脂質の生体内での作用はほぼ解明されているが，それ以外の複雑な脂質の働きは未だ不明な点が多い．

2.1 貯蔵脂質（油脂）

生物体の限られた場所に比較的大量に貯えられている脂質で，その主成分はトリアシルグリセリン（トリアシルグリセロールやトリグリセリドとも言う）構造をとる油脂である．植物では主として種子，果実に油脂が多いことはよく知られているが，根，小枝，茎，葉などにも含まれている．穀物では油脂は胚芽の部分に限って存在する．ある種のバクテリア，酵母もみずから油脂を作り出し体内に蓄積するが，この作用は近年工業的利用の面で進展している．

動物では油脂は主に皮下組織，腹腔，肝臓，筋肉の間の結合組織，内臓の周囲などに大量に集まっている．骨にも油脂があり，家畜類の脛骨にはかなりの量が存在している．

このように生物は，体内の限られた場所に油脂を比較的多量に貯えておいて，これをエネルギーとして利用しているのである．元来，油脂はカロリーの高い栄養素である．その生理的熱量は，糖質やタンパク質が 1g 当たり約 4.1kcal に対して，油脂は約 9.3kcal といわれている．同じ量を貯蔵した場合，油脂はデンプンやタンパク質の2倍以上のカロリーを持つことになるから，非常に能率的であるといえる．生物が必要以上の食餌をとったときには，余分のデンプンやタンパク質は大部分が体内で油脂に変えられて，適当な組織に貯えられる．動物の皮下脂肪，植物種子の油脂などがその例で，これらの貯蔵組織では，その成分の約90％を油脂が占めている．そして必要に応じて，これらの油脂は再び栄養素として利用されるのである．

また，油脂は外界の温度変化に対して生体を守るための保温材として，あるいは内臓を外的なショックから守るための保護クッションとしても役立つといわれている．しかし，それ以外にまだ働きのわからない油脂もあって，油脂の生理作用についてはなお研究の余地が残されている．

2.2　生体を保護する脂質：ロウ

植物では葉や果実など，動物では皮膚など体表面を薄い膜状にコーティングし，昆虫では自身の体外に分泌することにより，それぞれ生体を保護する働きをしている脂質があり，これらは一般にロウとよばれている．ふつうにツヤ出し剤などに使われているロウは最近では石油からとれる固形パラフィンや合成品が多いが，これらのロウは前述の脂質の定義に外れることから，脂質の範疇（はんちゅう）には入らない．

これに対して，動植物が作り出すロウは，高級脂肪酸と高級アルコールのエステル化合物であるから脂質の一種である．大多数のロウは常温では固体であるが，動物ロウのなかには常温で液体のものもある．すべての植物は多かれ少なかれロウ分を含有している．植物ロウは主として葉，種子，果実，花，茎などの表面に薄い保護皮膜を作っていて，植物体を虫害や傷害から守り，同時に体内水分が蒸発しすぎないように調節する働きをしている．

実用的に重要なものとしてカルナウバロウがあるが，これは高融点（84～91℃）のロウとして知られ，カルナウバヤシ（ブラジルロウヤシ）の葉の表面に着いている黄緑色のロウである．この固く溶けにくい性質を利用してツヤ出し剤，ラッカーの成分などに使われる．カンデリラロウは，メキシコ北部やアメリカ南部の砂漠地帯に生育するタカトウダイグサ科のカンデリラの茎の表面に存在する．65～70℃の融点をもつのでカルナウバロウの代用に使われる．

その他の植物ロウには，アブラヤシ（Oil Palm）の幹から採取されるパームロウ，アマの繊維や種子にあるアマ（フラックス）ロウ，綿の繊維に着いている綿ロウ，砂糖キビのしぼり粕のなかにあるサトウキビロウ，米の胚芽のロウ，海草のロウなどが知られている．俗に木ロウとよばれているものは，日本産のウルシ科のハゼノキの果実からとれる脂質で，見かけはロウに似ているが，主成分はパルミチン酸，ステアリン酸，オレイン酸を主構成成分とする固体脂であって，化学的にはロウではない．

動物ロウは，主として水産哺乳動物に多い．陸上動物の体組織にもいろいろな場所で見出されているが，その含量はわずかである．昆虫が分泌するロウも動物ロウの一種であって，蜜蜂の腹部腹板にあるロウ腺から分泌され，巣の主成分をなすミツロウ，イボタカイガラムシの分泌するイボタロウなどがあり，羊毛にある羊毛ロウ(羊毛脂）や，それを精製したラノリンも重要な動物ロウである．マッコウ鯨，ツチ鯨の頭蓋の中には，多量の液体ロウ，固体ロウがある．固体の部分は鯨ロウ，常温で液体の部分は鯨油とよばれている．これら水産哺乳類のロウは特定の部分に大量に集まっていて，貯蔵脂質と似た働きをしていると考えられている．

その他に褐炭から溶剤抽出されるモンタンロウがある．これは鉱物ロウに分類されるが，硬くて粘着性があり，溶剤保持性や光沢性にすぐれている．

2.3　生体の細胞組織を作る脂質：複合脂質

油脂，ロウに比べてもっと化学構造の複雑な脂質が，生物体のなかから多数発見されている．これらは脂肪酸以外に，リン，窒素，糖類などを構成成分とし，それぞれ，リン脂質，糖脂質などとよばれるが，種類が非常に多いので一括して複合脂質と名付けられている．種類は多いものの，生物体内での含有量は少ないので，一部を除いては油脂,ロウのように工業的に利用することはむつかしいが,生物の体内ではタンパク質，糖類，アミノ酸，ビタミン，ミネラルなどと共同して，きわめて重要，かつ，微妙な働きをしている．

例えば，複合脂質のなかでリン脂質，糖脂質はロウに属するステロールエステルとともに，生物の細胞構造を作っている重要な成分である．特にリン脂質はすべての細胞組織に広く分布し，動物では脳細胞その他の神経組織，卵黄などに多量に含まれ，植物では大豆レシチンなどの例のとおり種子細胞に多い．

動植物の体は無数の細胞の集まりである．細胞は1個ずつ細胞膜で包まれ，植物細胞ではさらにその外側をじょうぶな細胞壁が取り囲んでいる．細胞の内部では，生物が生命を保ち，成長し，活動するために必要ないろいろの要素を作り出す作業が絶えず行われているのであるが，そのために細胞は外部から食物をとり，内部で作り出したものや老廃物を外に運び出さねばならない．このような物質の移動は，すべて細胞膜を通して行われる．このため細胞膜は特殊な構造をしていて，リン脂質とタンパク質が，それぞれ規則正しく並んだ二重層からできている．そして，リン脂質の層は疎水性あるいは両親媒性の性質，タンパク質の層は親水性の性質を持っているため，細胞膜は必要なものだけが通過できる構造になっているといわれる．また，リン脂質は血液の凝固作用に関係し，一方，脂肪酸が体内で運搬，吸収，同化されるときの中間体にもなるといわれる．身近な問題としては，動脈硬化症に関連して，血液中の脂質（リン脂質やコレステロールエステル）の量が注目されていることは周知のとおりである．

II 脂 肪 酸

単純脂質や複合脂質のような代表的な脂質に共通した性質の1つは，脂質の種類により生体内の含量に違いはあるが，その構成成分として必ず脂肪酸をもっていることである．脂質のなかで脂肪酸含量の最も多いものは油脂であって，構成成分全体の約90%を脂肪酸が占めている．

ところで油脂は，単に多種類の脂肪酸がそのままバラバラに混じり合っているのではなく，脂肪酸3分子がグリセリン（グリセロール）1分子とランダムにエステル結合して一組の小さな集団（トリアシルグリセリン；トリアシルグリセロールやトリグリセリドとも言う）を作り，そのような集団が多数集まったものである（図-1）．したがって，油脂のもっている種々の性質は，それぞれの脂肪酸が現す性質であると考えてよい．つまり油脂を知るには，まず脂肪酸をよく理解する必要がある．なお，アシル基とは脂肪酸（RCOOH）から水酸基（OH）を除いた残りの原子団（RCO-）の総称であり，

$$3RCOOH + \begin{array}{l} CH_2OH \\ | \\ CHOH \\ | \\ CH_2OH \end{array} \longrightarrow \begin{array}{l} CH_2OCOR \\ | \\ CHOCOR \\ | \\ CH_2OCOR \end{array} + 3H_2O$$

脂肪酸　グリセリン　油脂　水

図-1　脂肪酸とグリセリンのエステル化による油脂（トリアシルグリセリン）の形成

3つのアシル基がグリセリンの水酸基の水素と置き換わった構造のトリアシルグリセリンを油脂と言う.

1. 脂肪酸の構造

1.1 脂肪酸の基本骨格

動植物油脂を構成する脂肪酸はほとんどすべて偶数個の炭素原子をもち，その炭素数は主に16および18個からなり，純粋な脂肪酸は無色透明の液体のものもあり，白色の固体のものもある．それらの脂肪酸の骨格を形成している炭素原子は図-2に示すように，ほぼ直鎖状にジグザグ構造をとっており，炭素鎖の一方の末端にメチル基を，他方の末端にカルボキシ基をもっている．そしてそれぞれの炭素原子には2個ずつの水素原子が結合しているもの(飽和脂肪酸)と, 炭素鎖の途中にいくつかの二重結合をもつもの（不飽和脂肪酸）がある.

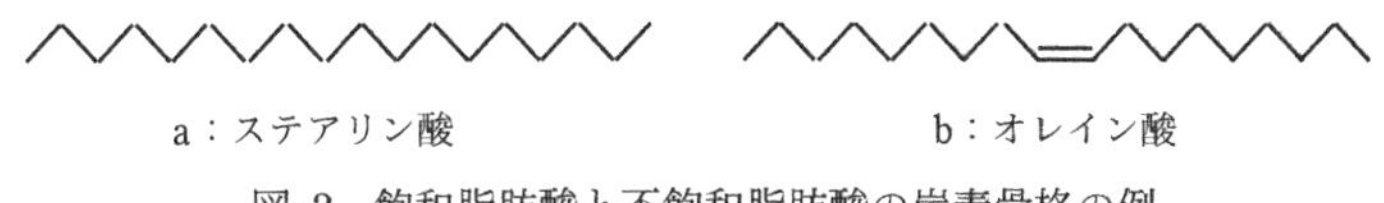

a：ステアリン酸　　b：オレイン酸

図-2　飽和脂肪酸と不飽和脂肪酸の炭素骨格の例

1.2 脂肪酸が酸性を示す理由

脂肪酸という名前からわかるように，それは炭素鎖の一端にカルボキシ基 (-COOH) をもっているために無機酸より弱いが酸性を示す. これはつまり塩基性の物質と化合しやすいことを意味する. カルボキシ基をもつ化合物（カルボン酸）の最も構造の簡単なギ酸や酢酸の酸性度定数（解離定数:K_a）はそれぞれ 1.77×10^{-4}（pK_a=3.75)

と 1.76×10^{-5} （$pK_a = 4.75$）であり，エタノールの $K_a = 10^{-16}$ （$pK_a = 16$）と比較してはるかに強い酸である．しかし，K_a 値が 10^{-5} 付近であることは 0.1M 水溶液中の分子がわずか 1% しか解離していないことを意味している．すなわち，弱酸を HA で示すと，HA のイオン化式は $HA \rightleftarrows H^+ + A^-$, $K_a = [H^+][A^-]/[HA]$ で示され，HA の濃度が約 0.1M のとき，$K_a = 10^{-5}$ のカルボン酸は $[H^+] = [A^-] = 10^{-3}$ となる．これは解離していない酸と解離した酸の比が 100:1 であることを示している．なお，カルボン酸の炭素数が増加すると K_a 値は小さくなり（ラウリン酸 $C_{11}H_{23}COOH$ の $K_a = 9.55 \times 10^{-6}$, $pK_a = 5.02$, ステアリン酸 $C_{17}H_{35}COOH$ の $K_a \fallingdotseq 1.0 \times 10^{-5}$, $pK_a \fallingdotseq 5$），酸性度は弱くなる．

1.3　脂肪酸の命名法と化学式による表わし方

脂肪酸は古くから慣用名が汎用されてきたが，それらの化学式と慣用名を覚えることが煩雑なため，国際純正応用化学連合（International Union of Pure and Applied Chemistry, IUPAC）で規定された生化学命名法または有機化学命名法に従うことが推奨されている．それによると，厳密には炭素数 3 以下の脂肪族カルボン酸は脂肪酸と呼ぶべきではないが，本書では総称としてそれらも脂肪酸に加えて IUPAC 命名法の基本を紹介する．

すなわち，飽和脂肪酸を日本語表記する場合は対応する炭素数のアルカン（alkane）の語尾に“酸”という語を付ければよく，英語表記する場合は alkane の語尾“e”を“oic acid”に置き換えればよい．

例えば，炭素数 2 の酢酸 CH_3COOH の日本語表記はエタン酸，英語表記はethanoic acidになり，炭素数18のステアリン酸$C_{17}H_{35}COOH$はそれぞれオクタデカン酸，octadecanoic acidになる．

二重結合を1つもつ一価不飽和脂肪酸（モノエン酸），2つもつ二価不飽和脂肪酸（ジエン酸），3つもつ三価不飽和脂肪酸（トリエン酸）についても，飽和脂肪酸の命名法に準じて，日本語表記はそれぞれ炭素数の対応するアルケン（alkene），アルカジエン（alkadiene），アルカトリエン（alkatriene）に“酸”を付け，英語表記は語尾“e”を“oic acid”に置き換える．例えば，オレイン酸$C_{17}H_{33}COOH$はオクタデセン酸，octadecenoic acidに，リノール酸$C_{17}H_{31}COOH$はオクタデカジエン酸，octadecadienoic acidに，リノレン酸$C_{17}H_{29}COOH$はオクタデカトリエン酸，octadecatrienoic acidになる．

また，脂肪酸の化学式を表記する場合，図-2のようなジグザグ表記することは煩雑であることから，次のように種々の表わし方がある．

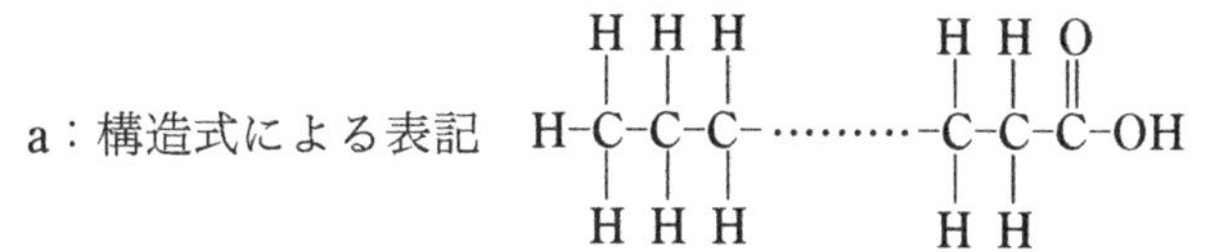

b：示性式による表記

$CH_3CH_2CH_2$………CH_2CH_2COOH（飽和脂肪酸）

CH_3CH_2……$CH_2CH{=}CHCH_2$……CH_2COOH（不飽和脂肪酸）

c：$C_nH_{2n+2}O_2$（飽和脂肪酸）　$C_nH_{2n-x}O_2$（不飽和脂肪酸）　$n \geqq 1$の整数，$x \geqq 0$の偶数

d：炭素数と二重結合数の数値表記　$C_{n:m}$　$n \geqq 1$の整数　$m \geqq 0$の整数

例　パルミチン酸$C_{16:0}$　オレイン酸$C_{18:1}$　リノール酸$C_{18:2}$

リノレン酸 $C_{18:3}$

e：脂肪酸のカルボキシ基の反応性を考慮する場合の表記

R-COOH　R；脂肪族炭化水素基

1.4　飽和結合と不飽和結合

前項の a に示したように，炭素原子は 4 本の結合手をもっている．そして 4 本の結合手は必ず別の炭素原子か，あるいは炭素以外の原子と結合していて，空いていることはない．

一方，水素原子は 1 本の結合手しか持っていないから，炭素原子の 4 本の結合手のうちの 2 本と 2 個の水素原子の結合手が結合し，炭素原子の残りの 2 本の結合手は隣接した 2 個の炭素原子とそれぞれ結合している．このように炭素と水素からなる炭化水素基が 1 本ずつの結合手で結びつくこと（単結合）を飽和結合という．それ故，飽和とは，それ以上炭素原子が他の原子と結合できないことを意味している．

ところが，図-2 の b に示したように　隣接する炭素原子同士が 2 本ずつ結合手を出し合って結びつく場合があり，これを二重結合，あるいは不飽和結合とよんでいる．本来，炭素原子同士の結合は 1 本ずつの結合手による結合，すなわち飽和結合で十分であるから，二重結合の場合には双方 1 本ずつ結合手が余っていることになる．したがって，二重結合の場合には双方の炭素原子は余力のある結合手を持っていることになり，おのおの別の原子と結合しやすい性質を有している．不飽和と名付けられたのはそのためである．このように，不飽和結合は常に他の原子と結合することにより飽和結合にもどろうとする力を持っているから，このことを化学的には，飽和結合は安定だが，不飽和結合は不安定であるという．なお，天然脂肪酸には炭素-炭素の不飽和結合に3本の結合手による結合，すなわち三重結合をもつものもまれにみられる．

1.5 飽和脂肪酸と不飽和脂肪酸

脂肪酸の骨組みを作っている炭素鎖が，前述のように，すべて飽和結合で成り立っているものを飽和脂肪酸と言い，炭素鎖のなかに1個以上の二重結合あるいは三重結合があるものを不飽和脂肪酸とよぶ．炭素原子の結合手は4本しかないから，二重結合で結ばれた炭素原子に水素原子は1個ずつしか結合できない．三重結合の場合には，水素の結合する余地はないことになる．不飽和脂肪酸の表わし方の一例を，二重結合1個の場合を例にとって図-2および前記1.3項のbに示した．

これまでに述べたとおり，脂肪酸の最も単純な形は全体として直鎖状の構造と考えてよい．これがいちばん安定な形——いちばん無理のない形——である．しかし，脂肪酸の炭素鎖が常に直鎖であるとは限らない．例えば，ある脂肪酸は低温で結晶化して固体になるが，その時には脂肪酸分子は直鎖状となり規則正しく整列している．これを加熱すると結晶が溶けて液体になるが，その時には，脂肪酸の炭素鎖は曲がりくねった形に変わっている．つまり，熱のために無理のある形をとらされることになる．それ故，加熱を止めて冷却すると，無理のない形，すなわち直鎖状の形にもどって全体が固体になる．

また，一般に不飽和脂肪酸は図-3に示したように二重結合の部分で少し折れ曲がっている．すなわち，二重結合を形成するために無

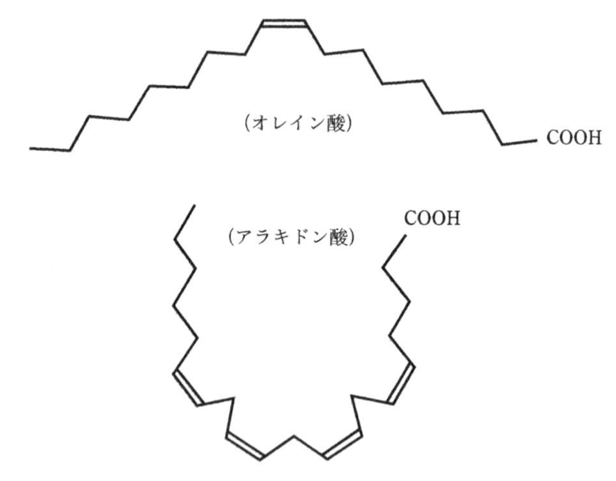

図-3 折れ曲がった不飽和脂肪酸

理な力が加わっているのである．二重結合が不安定である理由は，無理のない形——飽和結合——にもどろうとする力が絶えず働いていると考えても理解できる．二重結合が多数ある脂肪酸は図-3のように馬蹄形になることもある．

2. 脂肪酸の種類

脂質の主要成分である脂肪酸の種類は，現在300種以上もあることがわかっており，今もなお新たに発見されつつある．しかし，なかにはある特定の動物や植物にだけ存在する珍しい脂肪酸もかなり含まれているので，このような特殊なものを除くと，各種の脂質に共通して含まれている脂肪酸の種類は比較的少ない．

天然の脂肪酸を構成している炭素の数は，20個以下が大部分で，しかもほとんどすべてが偶数個（偶数脂肪酸）である．奇数の炭素からなる脂肪酸（奇数脂肪酸）も最近徐々に見出されその数を増やしているが，動植物体での含量はきわめて微量である．自然界に偶数脂肪酸が多い理由は，生物の体内で脂肪酸が炭素2個の化合物を単位にして作られるという事実から納得できる．そして自然界では，炭素数16個および18個の脂肪酸がいちばん広範囲に，大量に分布しているが，その理由については明確ではない．

不飽和脂肪酸の二重結合の数は，最高6個のものまで見出されているが，大多数は3個以下であり，二重結合を2つ以上もつ多価不飽和脂肪酸（ポリエン酸）は二重結合と二重結合の間にメチレン基（$-CH_2-$）を1つもつジビニルメタン構造（$-CH_2-CH=CH-CH_2-CH=CH-CH_2-$）をとり，二重結合はシス（*cis*）型構造をとるものが多い．また特殊な例として，共役脂肪酸（例：*cis*-9, *trans*-11, *trans*-13-オクタデカトリエン酸，慣用名α-エレオステアリン酸），炭素鎖の途中で枝分かれ（例：12-ヒドロキシ-*cis*-9-オクタデセン酸，慣用名リシノール酸）したり，酸素が結合したもの（例：10-オキソ-*cis*-12-オクタデセン酸），トランス（*trans*）型構造をもつ不飽和脂肪酸（トランス脂肪酸，例：9-*trans*-オクタデセン酸，慣用名エライジン酸）などもある（シス，トランス型構造についてはV，1.，47ページ参照）．

2.1 飽和脂肪酸

炭化水素鎖に不飽和結合のない脂肪酸であり，炭素数が10以下の飽和脂肪酸は主に乳脂肪に見出され，炭素数12～24個の酸は植物種子油および動物脂肪に多く，それ以上の炭素鎖の長いものはロウの

表-1　主な飽和脂肪酸

IUPAC 組織名	慣用名	炭素数	主な所在
ブタン酸	酪酸	4	バター脂肪
ヘキサン酸	カプロン酸	6	ヤシ油，パーム核油
オクタン酸	カプリル酸	8	ヤシ油，パーム核油
デカン酸	カプリン酸	10	ヤシ油
ドデカン酸	ラウリン酸	12	ヤシ油，パーム核油
テトラデカン酸	ミリスチン酸	14	ヤシ油，パーム核油
ヘキサデカン酸	パルミチン酸	16	すべての動植物油脂
オクタデカン酸	ステアリン酸	18	すべての動植物油脂
イコサン酸	アラキジン酸	20	ラッカセイ油
ドコサン酸	ベヘン酸	22	ラッカセイ油
テトラコサン酸	リグノセリン酸	24	ラッカセイ油
ヘキサコサン酸	セロチン酸	26	ミツロウ，カルナウバロウ
オクタコサン酸	モンタン酸	28	モンタンロウ
トリアコンタン酸	メリシン酸	30	ミツロウ

成分として存在する．また，炭素数 10 以下のものは常温（約 20℃）で液体であるが，それ以上のものは常温で固体である．

飽和脂肪酸の代表的なものとして，炭素数の少ないいわゆる低級脂肪酸では，牛乳脂肪の構成脂肪酸である炭素数 4 のブタン酸（酪酸）があり，中級脂肪酸にはヤシ油，パーム核油などに多い炭素数 12 のドデカン酸（ラウリン酸），炭素数 14 のテトラデカン酸（ミリスチン酸）があり，高級脂肪酸にはほとんどすべての動植物油脂に広く分布している炭素数 16 のヘキサデカン酸（パルミチン酸），炭素数 18 のオクタデカン酸（ステアリン酸）などがある．

さらに高級な飽和脂肪酸になると特定の動植物にだけ見出され，例えば炭素数 20 のイコサン酸（アラキジン酸），炭素数 22 個のドコサン酸（ベヘン酸），炭素数 24 個のテトラコサン酸（リグノセリン酸）などはラッカセイ油のなかに少量ずつ含まれている．天然の油脂およびロウのなかにふつうに存在する飽和脂肪酸を表-1にまとめた.

2.2 不飽和脂肪酸

炭化水素鎖に不飽和結合のある不飽和脂肪酸は動植物油脂の場合, 三重結合をもつものはきわめて特殊な例で, 大多数が二重結合であり, 二重結合の数も3個以下が最も多い. 一方, 炭素数は18個のものが大部分であるから, 天然油脂中に見出される不飽和脂肪酸の種類はかなり少数に限られている. 例えば, 炭素数18個のオレイン酸（二重結合1個）は, ほとんどすべての動植物油脂に大量に含まれ, リノール酸（二重結合2個）もほとんどの油脂に存在しているほか, α-リノレン酸（二重結合3個）も少量ではあるが多くの植物油に見出されている. アラキドン酸（炭素数20, 二重結合4個）は動物脂肪に広く分布しているが, 二重結合4〜6個の高度不飽和脂肪酸は魚油, 肝油などに多い.

なお, 二重結合数が2〜3個の不飽和脂肪酸を多価不飽和脂肪酸, 4個以上のものを高度不飽和脂肪酸と言うが, 明確な区別はない.

二重結合の位置は, それぞれの脂肪酸で一定していて, 図-4のようにオレイン酸では炭素鎖の中央の9,10位にあるので, 二重結合を中心に左右対称の形をしている. 二重結合が2個以上に増える場合には, 図-4でわかるとおりオレイン酸の二重結合を中心に, カルボキシ基の反対側に向かってメチレン基 ($-CH_2-$) 1個を挟んで増えている場合が多い. 例外として, エレオステアリン酸のように炭素-炭素結合が単結合と二重結合を繰り返す, いわゆる共役二重結合を形成しているものがあり, それらを共役脂肪酸という. なお二重結合

Ⅱ 脂 肪 酸

オレイン酸（9-*cis*-オクタデセン酸，$C_{18:1}$）

18 17 16 15 14 13 12 11 10 9 8 7 6 5 4 3 2 1

$$CH_3-CH_2-CH_2-CH_2-CH_2-CH_2-CH_2-CH_2-CH=CH-CH_2-CH_2-CH_2-CH_2-CH_2-CH_2-CH_2-COOH$$

リノール酸（9-*cis*, 12-*cis*-オクタデカジエン酸，$C_{18:2}$）

18 17 16 15 14 13 12 11 10 9 8 7 6 5 4 3 2 1

$$CH_3-CH_2-CH_2-CH_2-CH_2-CH=CH-CH_2-CH=CH-CH_2-CH_2-CH_2-CH_2-CH_2-CH_2-CH_2-COOH$$

α-リノレン酸（9-*cis*, 12-*cis*, 15-*cis*-オクタデカトリエン酸，$C_{18:3}$）

18 17 16 15 14 13 12 11 10 9 8 7 6 5 4 3 2 1

$$CH_3-CH_2-CH=CH-CH_2-CH=CH-CH_2-CH=CH-CH_2-CH_2-CH_2-CH_2-CH_2-CH_2-CH_2-COOH$$

α-エレオステアリン酸（9-*cis*, 11-*trans*, 13-*trans*-オクタデカトリエン酸，$C_{18:3}$）

18 17 16 15 14 13 12 11 10 9 8 7 6 5 4 3 2 1

$$CH_3-CH_2-CH_2-CH_2-CH=CH-CH=CH-CH=CH-CH_2-CH_2-CH_2-CH_2-CH_2-CH_2-CH_2-COOH$$

図-4　代表的な C_{18} 不飽和脂肪酸の二重結合位置と示性式

の位置を示すために，図-4 で示したように，カルボキシ基の炭素を 1 として末端メチル基に向かって順に炭素に番号をつけ，オレイン酸では 9 位，リノール酸では 9,12 位，α-リノレン酸では 9,12,15 位，α-エレオステアリン酸では 9,11,13 位に二重結合があると表現する．

リノール酸，α-リノレン酸のように二重結合を 2 個以上もつ不飽和脂肪酸は，動物の成長，発育に必要不可欠な栄養素であるが，ヒトをはじめとする哺乳動物はこれらの不飽和脂肪酸を体内でみずから作り出すことができず，食物から摂取しなければならないため，栄養学では前記の不飽和脂肪酸を必須脂肪酸とよんでいる（Ⅸ, 4.3, 160～162 ページ参照）．なお，アラキドン酸（$C_{20:4}$）は生合成されにくいため，必須脂肪酸に加えている場合がある．

また，化学の分野では官能基の隣の炭素を α 位として，末端炭素を ω 位と位置番号付けをするが，生理学や栄養学の分野では，脂

表-2　主な不飽和脂肪酸

IUPAC組織名	慣用名	数値表記	主な所在
二重結合1個の脂肪酸			
9-デセン酸	カプロレイン酸	$C_{10:1}$	牛乳脂肪
4-ドデセン酸	リンデル酸	$C_{12:1}$	クロモジ油
9-テトラデセン酸	ミリストレイン酸	$C_{14:1}$	鯨油，牛乳脂肪
9-ヘキサデセン酸	パルミトレイン酸	$C_{16:1}$	植物種子油，海産動物油
6-オクタデセン酸	ペトロセリン酸	$C_{18:1}$	パセリ種子油
9-オクタデセン酸	オレイン酸	$C_{18:1}$	ほとんどすべての油脂
11-オクタデセン酸	バクセン酸	$C_{18:1}$	動物脂，乳脂肪
9-イコセン酸	ガドレイン酸	$C_{20:1}$	海産動物油
11-イコセン酸	エイコセン酸	$C_{20:1}$	ナタネ油
11-ドコセン酸	セトレイン酸	$C_{22:1}$	海産動物油
13-ドコセン酸	エルカ酸	$C_{22:1}$	ナタネ油
15-テトラコセン酸	セラコレイン酸 (ネルボン酸)	$C_{24:1}$	脳脂質，サメ肝油
二重結合2個の脂肪酸			
9,12-オクタデカジエン酸	リノール酸	$C_{18:2}$	植物種子油
二重結合3個の脂肪酸			
6,10,14-ヘキサデカトリエン酸	ヒラゴ酸	$C_{16:3}$	イワシ油
9,12,15-オクタデカトリエン酸	α-リノレン酸	$C_{18:3}$	アマニ油，シソ油
二重結合4個以上の脂肪酸			
6,9,12,15-オクタデカテトラエン酸	モロクチン酸	$C_{18:4}$	イワシ油
5,8,11,14-イコサテトラエン酸	アラキドン酸	$C_{20:4}$	動物リン脂質
5,8,11,14,17-イコサペンタエン酸	EPA	$C_{20:5}$	青魚
4,8,12,15,19-ドコサペンタエン酸	クルパノドン酸	$C_{22:5}$	イワシ油
4,7,10,13,16,19-ドコサヘキサエン酸	DHA	$C_{22:6}$	青魚
6,9,12,15,18,21-テトラコサヘキサエン酸	ニシン酸	$C_{24:6}$	イワシ油
共役脂肪酸			
9,11,13-オクタデカトリエン酸	エレオステアリン酸	$C_{18:3}$	キリ油
三重結合をもつ脂肪酸			
6-オクタデシン酸	タリリン酸	$C_{18:1}$	タリリ脂

肪酸の分子式を略記する場合，$C_{x:y}$，n-m なる表示を用いることが多い．この場合，x は脂肪酸分子の総炭素数，y は二重結合の数，n は総炭素数が幾つであろうとも末端の炭素を常に n 番目の炭素と称し，m は図-4 の順序とは逆に，カルボキシ基の反対側の末端（ω 位）メチル基から数えて最初の二重結合が現れる炭素の番号を表わし，n-m によって二重結合の位置を示している．例えば，リノール酸は（$C_{18:2}$，n-6），リノレン酸は（$C_{18:3}$，n-3）となる．なお，不飽和脂肪酸には二重結合の数は同じで，その位置を異にする異性体が存在することがある．自然界に分布するリノレン酸は，ほとんどが $C_{18:3}$，n-3 の構造をとるが，まれに $C_{18:3}$，n-6 のものも存在し，前者を α-リノレン酸，後者を γ-リノレン酸と区別している．なお，n-3 系や n-6 系という表現に対して，同義で ω3 系や ω6 系という表現が使われているが，近年では n-3 系や n-6 系などの表現が多用されている．

天然の油脂，ロウの一般成分である主な不飽和脂肪酸の種類を，表-2 に示した．

2.3 特殊な脂肪酸

これまでに述べてきた脂肪酸は，炭化水素鎖の個々の炭素に水素が結合してジグザグではあるが，全体としては直鎖状のものばかりで，脂肪酸の大多数はこのような形をしている．ところが，油脂およびロウの一般成分ではなく，特殊な油脂，ロウについては，炭化水素鎖の一部に水素以外の他の原子が結合したもの，炭化水素鎖の途中で枝分かれしたもの，カルボキシ基が2個あるものなど，特殊な構造をした脂肪酸が発見されている．その主なものとして次のようなものがある.

ヒドロキシ脂肪酸　ヒマシ油の構成脂肪酸として85〜90%含まれている12-ヒドロキシ-9-オクタデセン酸（リシノール酸）は，炭素鎖の途中に水酸（ヒドロキシ）基（-OH）が1個結合している．リシノール酸は炭素数18個で二重結合数は9位に1個，すなわちこれはオレイン酸と同じで，その12番目の炭素に水酸基がついている(図-5)．ヒマシ油が，他の植物油と違った性質を持ち，食用にも向かないのはこのためである．なお，ヒマシ油には微量ではあるが，水酸基が2個結合したジヒドロキシステアリン酸も存在している．

その他に羊毛ロウのなかにも，数種のヒドロキシ脂肪酸が発見されている．

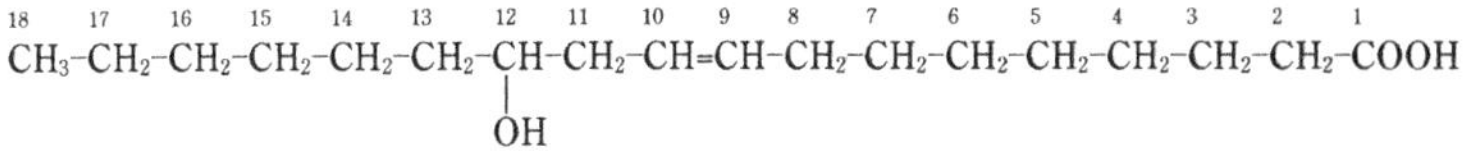

$$\overset{18}{CH_3}-\overset{17}{CH_2}-\overset{16}{CH_2}-\overset{15}{CH_2}-\overset{14}{CH_2}-\overset{13}{CH_2}-\underset{\displaystyle OH}{\underset{|}{\overset{12}{CH}}}-\overset{11}{CH_2}-\overset{10}{CH}=\overset{9}{CH}-\overset{8}{CH_2}-\overset{7}{CH_2}-\overset{6}{CH_2}-\overset{5}{CH_2}-\overset{4}{CH_2}-\overset{3}{CH_2}-\overset{2}{CH_2}-\overset{1}{COOH}$$

図-5　リシノール酸（12-OH-$C_{18:1}$）

また，図-6のように酸素原子がバイパス状に結合したエポキシ脂肪酸（ベルノリン酸）もあり，キク科の植物に見出されている．

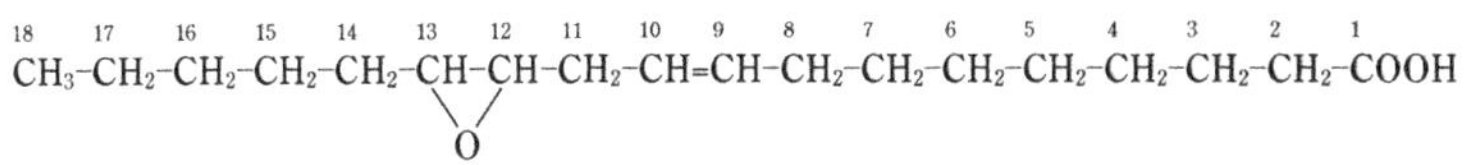

$$\overset{18}{CH_3}-\overset{17}{CH_2}-\overset{16}{CH_2}-\overset{15}{CH_2}-\overset{14}{CH_2}-\overset{13}{CH}-\overset{12}{CH}-\overset{11}{CH_2}-\overset{10}{CH}=\overset{9}{CH}-\overset{8}{CH_2}-\overset{7}{CH_2}-\overset{6}{CH_2}-\overset{5}{CH_2}-\overset{4}{CH_2}-\overset{3}{CH_2}-\overset{2}{CH_2}-\overset{1}{COOH}$$
$$(C_{13}, C_{12}\ \text{bridged by}\ O)$$

図-6　ベルノリン酸（12,13-エポキシ-$C_{18:1}$）

分枝脂肪酸　炭素鎖の末端で枝分かれしたもの（イソバレリアン酸；イソ吉草酸とも言う），炭素鎖の途中に三員環を形成しているもの（ステルクリン酸），炭素鎖の末端に五員環を形成しているも

Ⅱ 脂 肪 酸

イソバレリアン酸

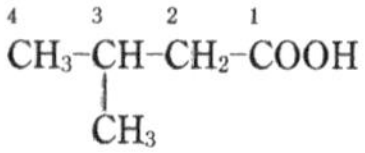

$$\overset{4}{CH_3}-\underset{\displaystyle CH_3}{\overset{3}{C}H}-\overset{2}{CH_2}-\overset{1}{COOH}$$

ステルクリン酸

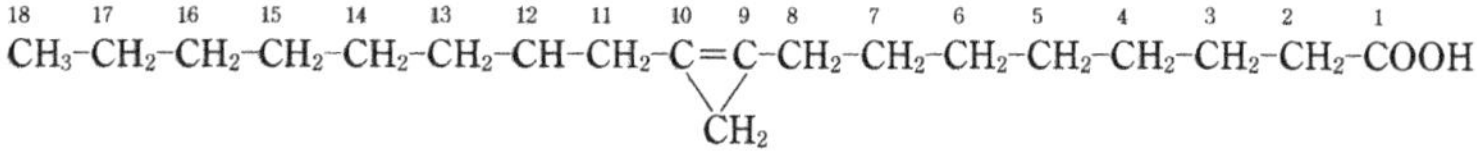

$$\overset{18}{CH_3}-\overset{17}{CH_2}-\overset{16}{CH_2}-\overset{15}{CH_2}-\overset{14}{CH_2}-\overset{13}{CH_2}-\overset{12}{CH}-\overset{11}{CH_2}-\overset{10}{C}(=\overset{9}{C})(CH_2)-\overset{8}{CH_2}-\overset{7}{CH_2}-\overset{6}{CH_2}-\overset{5}{CH_2}-\overset{4}{CH_2}-\overset{3}{CH_2}-\overset{2}{CH_2}-\overset{1}{COOH}$$

ヒドノカルピン酸

$$\begin{matrix} CH=CH \\ | \quad\quad \rangle \\ CH_2-CH_2 \end{matrix}\overset{12}{CH}-\overset{11}{CH_2}-\overset{10}{CH_2}-\overset{9}{CH_2}-\overset{8}{CH_2}-\overset{7}{CH_2}-\overset{6}{CH_2}-\overset{5}{CH_2}-\overset{4}{CH_2}-\overset{3}{CH_2}-\overset{2}{CH_2}-\overset{1}{COOH}$$

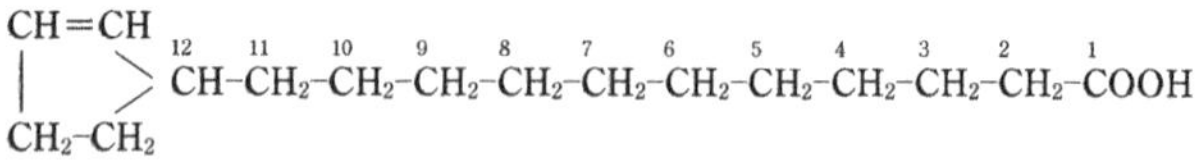

図-7 分枝脂肪酸

の（ショールムーグリン酸，ヒドノカルピン酸）などが知られている（図-7）.

この内，環状脂肪酸であるショールムーグリン酸とヒドノカルピン酸は医薬として使われる大風子油（ショールムーグラ油）の成分として知られている．牛乳脂肪や豚脂（ラード），結核菌，ジフテリア菌などの細菌脂質のなかにも微量ではあるが，分枝脂肪酸が次々と発見されている.

二塩基酸 カルボキシ基を炭化水素鎖の両端に持っている脂肪酸で，炭素数の少ないものは，6,6-ナイロンの原料として知られるヘキ

$$HOOC-CH_2-CH_2-CH_2-CH_2-CH_2-CH_2-CH_2-CH_2-CH_2-CH_2-CH_2-CH_2-CH_2-CH_2-CH_2-CH_2-CH_2-CH_2-CH_2-COOH$$

$$[HOOC-(CH_2)_{19}-COOH]$$

図-8 日本酸（$C_{21}H_{40}O_4$）

表-3　代表的な二塩基酸

IUPAC 組織名	慣　用　名	炭素数	主な所在・製法
エタン二酸	シュウ酸	2	タデ科，カタバミ科，サトイモ科植物
プロパン二酸	マロン酸	3	テンサイ（サトウダイコン）
ブタン二酸	コハク酸	4	琥珀
ペンタン二酸	グルタル酸	5	羊毛脂
ヘキサン二酸	アジピン酸	6	シクロヘキサン，シクロヘキサノン，シクロヘキサノールなどの酸化
ヘプタン二酸	ピメリン酸	7	ヒマシ油の酸化
オクタン二酸	スベリン酸（コルク酸）	8	コルク，ヒマシ油の酸化
ノナン二酸	アゼライン酸	9	オレイン酸，ヒマシ油の酸化
デカン二酸	セバシン酸	10	ヒマシ油，リシノール酸のアルカリ加圧下加熱

サン二酸（アジピン酸）をはじめ多数あるが（表-3），天然の長鎖二塩基酸としては，木ロウの成分である日本酸が有名である（図-8）.

3. 主要な油脂の脂肪酸組成

常温（20℃）で大豆油は液体であるが，ヤシ油は固体である．食感や味もそれぞれ違った感じがする．その理由は主として，油脂を構成する脂肪酸の種類と割合が違っているからである．しかし，一口に大豆油と言ってもその脂肪酸組成は常に一定の割合ではなく，ある範囲のなかで変動する．これは油脂原料である動植物が天然の生物である以上当然のことであって，植物では品種，気候風土，肥料その他の栽培条件により，また動物でも季節，生育環境，飼料などにより脂肪酸組成にバラツキを生じる．

生物を大きく分けて，含有油脂の脂肪酸組成の特徴をあげてみると次のとおりである.

3.1 陸産動物脂の特徴

動物脂は一般に固体または半固体であるから，液状の魚油とはたやすく区別できるが，その脂肪酸組成にも明らかな相違がある．陸上の高等動物から得られる油脂の一般的特徴としては次のことが言える.

1) 脂肪酸の炭素数は大部分が16（28～36%）と18（55～69%）である.
2) 炭素数16のものはパルミチン酸（24～30%）が大部分で，その量は動物の種類に関係なくほぼ一定している.
3) 炭素数18の脂肪酸ではオレイン酸が最も多く，ついでステアリン酸およびリノール酸である.

両生類，爬虫（はちゅう）類，鳥類などの油脂は，陸産高等動物脂と海産動物油のほぼ中間的な組成と言える．また動物の乳脂肪はパルミチン酸，オレイン酸が主構成脂肪酸であるが，それに加えて炭素数の少ない酪酸のような飽和脂肪酸のあることが特徴である.

3.2 海産動物油の特徴

1) 脂肪酸の種類が多く，ふつう20種を越える．炭素数は14～24で，時には12あるいは26のものもあり，少量の奇数脂肪酸も見出されている.
2) 飽和脂肪酸は主としてパルミチン酸（15～20%）で，その他にミリスチン酸，ステアリン酸がある.
3) ほとんどの魚油には二重結合1個の脂肪酸が構成脂肪酸とし

て35〜60%存在する．これは主としてオレイン酸であるが，パリミトレイン酸，ガイドレイン酸，セトレイン酸もある．

4) 二重結合が4個以上の高度不飽和脂肪酸としては，炭素数16，18，20，22のものが存在するが，最も多いのは $C_{20:5}$ および $C_{22:6}$ であり，時には $C_{20:4}$，$C_{22:5}$ もある．

3.3 植物油脂の特徴

植物の果肉，果皮の油（パーム油，オリーブ油など）はパルミチン酸とオレイン酸が主成分で，少量のリノール酸を含んでいる．植物種子の油については一般に次のようなことが言える．

1) 植物分類上の種属と，その油の脂肪酸組成との間には関係があるから，種属の近い植物の種子油は似ている．
2) ほとんどの種子油の主成分はパルミチン酸，オレイン酸，リノール酸であるが，なかには α-リノレン酸（リノレン酸とも言う）を含むものもある．
3) α-リノレン酸のような $C_{18:3}$ を得るには，アマやシソなどの種子油が最も適当である．

3.4 主要な油脂の脂肪酸組成表

表-4は代表的な陸産動物脂，および海産動物油の脂肪酸組成を示したものであるが，一般に陸上動物の脂肪は植物油脂に比べると，リノール酸が少なく，パルチミン酸，ステアリン酸などの飽和脂肪酸が多く，したがって常温で固体のものが多い．

また，表-4で明らかなように，牛や豚の脂肪と，イワシやマグロなど青魚の油脂を比較して最も大きい違いは，魚油には牛脂や豚

表-4 代表的な陸産および海産動物油脂の脂肪酸組成（%）

陸産動物

脂肪酸	酪酸	カプロン酸	カプリル酸	カプリン酸	ラウリン酸	ミリスチン酸	パルミチン酸	パルミトレイン酸	ステアリン酸	オレイン酸	リノール酸	α-リノレン酸	その他
炭素数：二重結合数	$C_{4:0}$	$C_{6:0}$	$C_{8:0}$	$C_{10:0}$	$C_{12:0}$	$C_{14:0}$	$C_{16:0}$	$C_{16:1}$	$C_{18:0}$	$C_{18:1}$	$C_{18:2}$	$C_{18:3}$	
牛乳脂肪	4	2	2	3	3	12	31	4	11	24	3	1	—
豚　脂	—	—	—	—	—	1	29	3	15	43	9	—	—
牛　脂	—	—	—	—	—	4	30	5	25	35	1	—	—
馬　脂	—	—	—	—	—	5	27	7	5	35	5	16	—
羊　脂	—	—	—	—	—	7	30	4	28	28	3	—	—
鶏　脂	—	—	—	—	—	1	27	7	6	45	14	—	—

海産動物

脂肪酸	ミリスチン酸	パルミチン酸	パルミトレイン酸	ステアリン酸	オレイン酸	リノール酸	α-リノレン酸	ガドレイン酸	アラキドン酸	EPA	セトレイン酸	DHA	その他
炭素数：二重結合数	$C_{14:0}$	$C_{16:0}$	$C_{16:1}$	$C_{18:0}$	$C_{18:1}$	$C_{18:2}$	$C_{18:3}$	$C_{20:1}$	$C_{20:4}$	$C_{20:5}$	$C_{22:1}$	$C_{22:6}$	
カタクチイワシ油	7	16	9	6	14	2	2	1	1	12	3	21	6
マサバ油	6	16	7	5	19	2	3	6	1	8	10	10	7
マグロ油	3	18	5	5	20	2	1	3	1	7	2	23	—
ニシン油	10	21	6	2	19	2	2	10	—	6	14	8	—
サンマ油	7	11	5	3	6	2	2	19	2	5	22	11	5
タラ肝油	5	13	12	2	26	1	—	11	1	13	9	6	1
ミンク鯨油	9	12	13	2	30	3	1	4	1	11	1	9	4

参考資料：我が国の油脂事情，農林水産省（2009）http://www.library.maff.go.jp/GAZO/20036901.htm

表-5(1)　代表的な食用植物油脂の脂肪酸組成（%）

脂肪酸	カプロン酸	カプリル酸	カプリン酸	ラウリン酸	ミリスチン酸	パルミチン酸	パルミトレイン酸	ステアリン酸	オレイン酸	リノール酸	α-リノレン酸	アラキジン酸	イコセン酸	ベヘン酸	エルカ酸	リグノセリン酸	その他
炭素数：二重結合数	$C_{6:0}$	$C_{8:0}$	$C_{10:0}$	$C_{12:0}$	$C_{14:0}$	$C_{16:0}$	$C_{16:1}$	$C_{18:0}$	$C_{18:1}$	$C_{18:2}$	$C_{18:3}$	$C_{20:0}$	$C_{20:1}$	$C_{22:0}$	$C_{22:1}$	$C_{24:0}$	
ハイリノレイックサフラワー油	—	—	—	—	0.1	6.7	—	2.4	15.6	73.9	0.4	0.3	0.2	0.2	—	0.1	0.1
ハイオレイックサフラワー油	—	—	—	—	—	4.7	—	1.9	78.0	14.0	0.2	0.4	0.3	0.3	—	0.2	0.1
ブドウ油	—	—	—	—	—	6.5	—	3.9	17.8	70.9	0.4	0.2	0.2	—	—	—	0.1
大豆油	—	—	—	—	—	10.3	—	4.4	25.3	52.5	6.4	0.4	0.2	0.4	—	0.1	—
ハイリノレイックヒマワリ油	—	—	—	—	—	6.3	—	3.6	29.0	59.4	0.2	0.3	0.2	0.7	—	0.3	0.1
ハイオレイックヒマワリ油	—	—	—	—	—	3.6	—	2.9	84.8	6.7	0.2	0.3	0.3	0.9	—	0.3	0.1
トウモロコシ油	—	—	—	—	—	11.2	0.1	1.9	31.3	53.5	1.2	0.4	0.3	0.2	—	0.2	0.1
綿実油	—	—	—	—	0.6	19.1	0.5	2.3	18.5	57.9	0.7	0.2	0.1	0.1	—	—	0.1
ゴマ油	—	—	—	—	—	9.2	0.1	5.5	40.3	43.6	0.3	0.6	0.2	0.1	—	—	0.2
ローエルシックナタネ油	—	—	—	—	—	4.1	0.2	1.8	63.8	18.6	8.9	0.6	1.2	0.3	0.9	0.2	0.2
ハイエルシックナタネ油	—	—	—	—	—	2.9	0.2	0.9	15.6	12.8	8.6	0.7	6.7	0.6	47.4	0.3	3.3
ハイオレイックナタネ油	—	—	—	—	—	3.7	0.2	1.8	74.5	14.7	2.6	0.6	1.2	0.3	—	0.2	0.1
コメ油	—	—	—	—	0.3	16.7	0.2	1.8	43.7	34.2	1.2	0.7	0.6	0.2	—	0.4	0.1
ラッカセイ油	—	—	—	—	—	10.2	—	2.7	51.0	27.6	0.3	1.3	1.6	3.3	0.2	1.7	—
オリーブ油	—	—	—	—	—	13.2	1.1	2.4	73.5	7.9	0.6	0.4	0.3	0.1	—	—	0.5
パーム油	—	—	—	0.2	1.0	44.6	0.2	4.3	39.2	9.7	0.2	0.4	0.1	—	—	—	0.2
パームオレイン	—	—	—	0.3	1.0	36.7	0.2	3.7	45.5	11.9	0.2	0.3	0.2	—	—	—	0.2
パーム核油	0.1	2.7	2.9	47.0	16.4	8.9	—	2.6	16.25	2.6	—	0.2	0.1	—	—	—	0.1
ヤシ油	0.4	5.8	5.3	47.9	19.1	9.7	—	3.0	7.2	1.6	—	—	—	—	—	—	0.2

参考資料：日本油脂検査協会「平成25年食用植物油脂JAS格付結果報告書」（2014年2月）

表-5(2)　代表的な非食用植物油脂の脂肪酸組成（%）

脂肪酸	パルミチン酸	パルミトレイン酸	ステアリン酸	オレイン酸	リシノール酸	リノール酸	α-リノレン酸	α-エレオステアリン酸	β-エレオステアリン酸	アラキジン酸	イコセン酸	リグノセリン酸	その他
炭素数：二重結合数	$C_{16:0}$	$C_{16:1}$	$C_{18:0}$	$C_{18:1}$	12-OH-$C_{18:1}$	$C_{18:2}$	9*c*,12*c*,15*c*-$C_{18:3}$	9*c*,11*t*,13*t*-$C_{18:3}$	9*t*,11*t*,13*t*-$C_{18:3}$	$C_{20:0}$	$C_{20:1}$	$C_{24:0}$	
アマニ油	4.6	—	3.9	13.1	—	15.8	62.0	—	—	0.2	—	—	0.2
キリ油	3.0	—	2.0	6.0	—	7.0	—	71.0	11.0	—	—	—	—
ヒマシ油	1.0	—	0.8	3.2	89.0	4.5	0.9	—	—	—	—	—	0.6

脂にはない特殊な高度不飽和脂肪酸（例：$C_{20:5}$，$C_{22:6}$ など）が存在することである．その結果，魚油は牛脂や豚脂に比べて凝固温度が低く，低温でも液状を保っている（V，2.1，50〜54ページ参照）．そのため低温の海水中でも，魚の体細胞内で油脂が固まることなく代謝が円滑に行われる．生物の体の構成成分が，生息する環境条件に合うように巧みに作られていることを示す一例である．

表-5は代表的な植物油脂の脂肪酸組成を示したものである．表-5から，微量にしか含まれない脂肪酸を別にすると，植物油脂の主要な脂肪酸成分の種類はあまり多くないことがわかる．例えば，パーム核油，ヤシ油の主成分はラウリン酸であり，パーム油にはパルチミン酸とオレイン酸が多く，その他の一般植物油の主成分はオレイン酸とリノール酸であると言える．ただし，ヒマシ油はその組成の大部分が水酸基をもったリシノール酸であり，特殊な植物油である．また，アマニ油や大豆油の α-リノレン酸，ナタネ油のエルカ酸（エルシン酸）などは他の油脂にはほとんどない特徴的な脂肪酸であり，油脂の種類を判別する時の1

つの目安に使われている.

動植物油脂は生物が生産するものであるから,飼料や肥料の成分,気象その他の環境条件によりその脂肪酸組成,特に個々の脂肪酸の含有量がある範囲内で変動することは当然である.

ところが最近,各国で油脂原料植物の人為的な品種改良や遺伝子組換え研究が進み,サフラワー油,ナタネ油,大豆油,ヒマワリ油などいくつかの植物について,その脂肪酸組成が大幅に変わった変種が現れてきた.例えば,サフラワー油の脂肪酸組成はオレイン酸20%以下,リノール酸75%以上が普通であるのに,アメリカで品種改良されたハイオレイックサフラワー油は両者の割合が逆転して,オレイン酸75%以上,リノール酸15%以下となっている.この場合の改良の目的は,油脂の酸化安定性の向上にあるといえよう.また,カナダでは人体への栄養障害が指摘されているエルカ酸(在来種では35〜60%含有)をほとんど含まない低エルカ酸ナタネ油の開発を企図し,1960年頃から国を挙げて精力的に改良に取り組み,早くも1968年には低エルカ酸の改良種が初めて栽培された.引き続いてさらに研究が進められ,1970年代になって低エルカ酸で,同時に,ナタネ粕中に含まれる家畜に対する有害成分(グルコシノレート)を低減させた改良種(カナダではCanola,キャノーラとよぶ)が登場するに至った.現在では低エルカ酸種はカナダ以外に,オーストラリアや欧州のナタネ生産国でも栽培が広まり,今日,食用油脂原料として国際的に流通しているナタネ種子は,ほとんど低エルカ酸タイプに切り替わっている.これに伴い高エルカ酸の在来種の栽培は激減したが,一方において工業用油脂として高エルカ酸ナタネ油の需要には根強いものがある.

II 脂 肪 酸

キャノーラ油の特徴は，エルカ酸1％以下，代わりにオレイン酸が60％前後でオリーブ油に近く，飽和脂肪酸が約7％，リノール酸は20％前後で大豆油の約1/3, α-リノレン酸も10％程度含まれている.

なお, 2013年現在, 全世界の油糧作物のうち大豆作付面積の79%, トウモロコシの32％，ワタの70％，ナタネ（キャノーラ）の24％が遺伝子組換え作物［Genetically Modified (GM) Organism］と言われている.

III 油　　脂

図-1に示した油脂の構造から，油脂はグリセリン（グリセロール）1分子に脂肪酸が3分子ずつエステル結合したものが基本単位になって作られていることがわかる．この基本単位のことをトリアシルグリセリンあるいはトリアシルグリセロールやトリグリセリドとよんでいるが，これについて説明を進めよう．

1.　トリアシルグリセリン

1.1　トリアシルグリセリンの構造

油脂の最小単位であるトリアシルグリセリンは，3分子の脂肪酸がエステル結合によってグリセリンと結合している．グリセリンは無色透明の液体で，なめると甘味があり化粧品やダイナマイトの原料にも使われる薬品であるが，その構造は図-1に示したように3個の水酸基（-OH）をもつ三価アルコールである．一般に脂肪族炭化水素基に水酸基が結合したものはアルコールに分類されるが，水酸基を1つもつメタノールやエタノールのようなアルコールは一価アルコール，水酸基を2つもつエチレングリコールは二価アルコールに区分される．カルボキシ基をもつ脂肪酸と水酸基をもつアルコールの代表的な反応がエステル化反応であり，図-1に示すように三価アルコールであるグリセリンには脂肪酸3分子が結合する．

グリセリンと結合する3分子の脂肪酸は飽和脂肪酸もあれば，不飽和脂肪酸もあり，また脂肪酸の炭化水素鎖は単結合している炭素を軸にして自由に回転するので，実際のトリアシルグリセリンは炭化水素鎖が折りたたまれたり，からみ合ったりして乱雑な構造をしている．ただし，高融点の飽和脂肪酸が多くエステル結合したトリアシルグリセリンが多数集まって結晶を作る場合には，個々のトリアシルグリセリンの炭化水素鎖は直線的に伸びて規則正しく整列している．

1.2　アシルグリセリンの種類

モノ，ジ，トリアシルグリセリン　一般にグリセリンと脂肪酸の化合物をアシルグリセリン（アシルグリセロール，グリセリド）と言うが，グリセリンの3個の水酸基全部に脂肪酸がエステル結合したトリアシルグリセリン（トリアシルグリセロール，トリグリセリド）のほかに，水酸基1個だけに脂肪酸の結合したモノアシルグリセリン（モノアシルグリセロール，モノグリセリド），水酸基2個に脂肪酸の結合したジアシルグリセリン（ジアシルグリセロール，ジグリセリド）がある．なお，モノ，ジ，トリという接頭語はそれぞれ数詞1，2，3を表わす．モノアシルグリセリンではグリセリンの水酸基2個がそのまま残っており，ジアシルグリセリンでは1個残っている．天然油脂の主成分はトリアシルグリセリンであるが，少量のモノアシルグリセリンやジアシルグリセリンも含まれている．

元来，グリセリンは水によく溶けるが，ヘキサンのような無極性溶媒には溶けない．これは極性の高い水と親和性をもつ水酸基をもっているからである．一方，トリアシルグリセリンは水に溶けにくく，

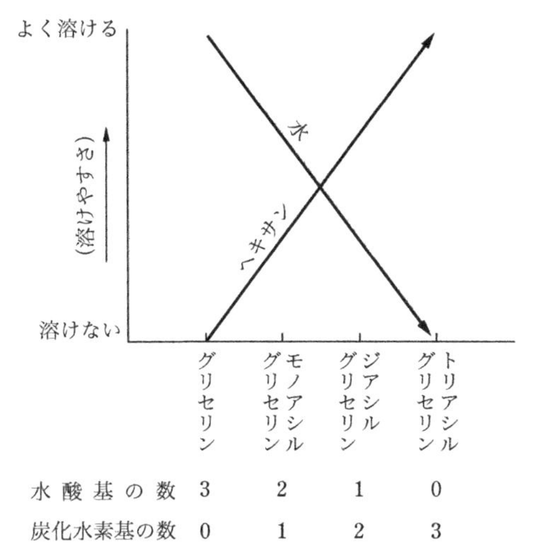

図-9　アシルグリセリンのヘキサンに対する溶けやすさの比較

ヘキサンにはよく溶ける．これは極性官能基である水酸基と脂肪酸がエステル化することによって，ヘキサンと親和性をもつアシル基がグリセリンに導入されるからである．モノおよびジアシルグリセリンは水酸基とアシル基の両方を持っているから，ちょうど中間の性質となり水にもヘキサンにも溶ける．図-9はこの関係を示したものである．

水と油脂を混合したい場合に，少量のモノアシルグリセリンを加えて撹拌すると，牛乳状になって均一に混ざり合う．これはモノアシルグリセリンが水にも油にも溶ける両親媒性をもつことから，両者の仲介役として働いた結果である．このように水と混合しにくい液体を，混合しやすくする作用を持つ物質を乳化剤とよぶ．いろいろな脂肪酸のモノアシルグリセリンは食品・香粧品用などの乳化剤として，工業的に広く使われている．

トリアシルグリセリンの単純型と混合型　トリアシルグリセリンを構成する3分子の脂肪酸がすべて同一の場合を単純トリアシルグリセリン，異なった脂肪酸が混じっているものを混合トリアシルグリセリンと言う．

そして，図-10のようにグリセリンのC1，C2，C3位をそれぞれ①，②，③で示し，ラウリン酸3分子からなる単純型のトリラウリンと，混合型として①と②にカプロン酸，③にミリスチン酸が結合した場合と，①と③にオレイン酸，②にパルミチン酸が結合した場合の命名法を例示した．

天然の油脂では，単純型のトリアシルグリセリン含量は比較的少なく，大部分が混合型である．したがって，油脂とは“混合トリア

$$
\begin{array}{l}
\qquad\qquad\qquad\qquad\qquad\text{①}\ CH_2OCOCH_2(CH_2)_9CH_3 \\
CH_3(CH_2)_9CH_2COO\text{-}CH\ \text{②} \\
\qquad\qquad\qquad\qquad\qquad\text{③}\ CH_2OCOCH_2(CH_2)_9CH_3
\end{array}
$$

トリラウリン（単純型）

$$
\begin{array}{l}
\qquad\qquad\qquad\qquad\qquad\text{①}\ CH_2OCOCH_2(CH_2)_3CH_3 \\
CH_3(CH_2)_3CH_2COO\text{-}CH\ \text{②} \\
\qquad\qquad\qquad\qquad\qquad\text{③}\ CH_2OCOCH_2(CH_2)_{11}CH_3
\end{array}
$$

1,2-ジカプロミリスチン（混合型）

$$
\begin{array}{l}
\qquad\qquad\qquad\qquad\qquad\text{①}\ CH_2OCO(CH_2)_7CH{=}CH(CH_2)_7CH_3 \\
CH_3(CH_2)_{13}CH_2COO\text{-}CH\ \text{②} \\
\qquad\qquad\qquad\qquad\qquad\text{③}\ CH_2OCO(CH_2)_7CH{=}CH(CH_2)_7CH_3
\end{array}
$$

1,3-ジオレオパルミチン（混合型）

図-10　トリアシルグリセリンの命名法の例

シルグリセリンの混合物”であると言える.

トリアシルグリセリンにおける脂肪酸の組合せ　脂肪酸が2種類以上あれば，トリアシルグリセリンの単純型と混合型を同時に作ることができる．そこでいちばん簡単な場合として，AとBの異なる2種の脂肪酸を組み合わせて作ることのできるトリアシルグリセリンは何種類あるかを考えてみよう．そのためには，AとBを使って3個ずつの違った組合せが何組できるかを計算すればよい．この場合，A, Bの分子数には制限がないものとして，脂肪酸の並び方の順序（グリセリンのC1位，C2位，C3位の炭素に結合する順序）まで考えに入れると，表-6でわかるように6組の違った組合せがあることになる.

このようにして計算すると理論上では，脂肪酸が3種類あればトリアシルグリセリンは18種，5種類ならば75種，6種類ならば実に126種のトリアシルグリセリンが存在し得ることになる．ただし，これは同一脂肪酸の分子数に制限のない場合の話であって，表-6で6種の組合せを作るためにはA, Bはおのおの9分子ずつ必要であり，3種類の脂肪酸から異なる18組のトリアシルグリセリンを作るには，脂肪酸はそれぞれ18分子ずつなければならない.

ふつう，油脂は主要な（含量の多い）脂肪酸として3〜5種類，そ

表-6　A, B2種の脂肪酸を組み合わせて作られるトリアシルグリセリン

	A	B
A	(AAA)	(AAB) (ABA)
B	(BBA) (BAB)	(BBB)

注：(AAB) は下記のトリアシルグリセリン構造を意味する.

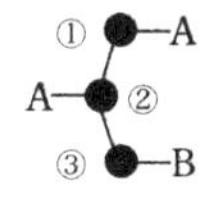

の他に含量の少ないものまで数えると，はなはだ多種類の脂肪酸で作られているから，トリアシルグリセリンの種類も非常に複雑である．しかし，油脂の場合，脂肪酸の種類は多いけれども含量に多いもの，少ないものがあって分子数の制約を受けるから，理論上可能なすべての組合せが存在するわけではない．また，例えば表-6 において，A の分子数が B に比べて非常に多い場合は，当然（AAA）あるいは（AAB），（ABA）の組合せの数が多くなり，（BBB），（BAB），（BBA）の組合せは少なくなるであろう．

このように油脂の構成トリアシルグリセリンの研究は，脂肪酸の種類とその並び方まで関係するので，はなはだ困難な仕事である．ことに，個々のトリアシルグリセリンについて脂肪酸の結合位置まで決めることは容易ではないので，実際の研究においては表-6 を例にとれば，（AAB）と（ABA）はトリアシルグリセリンとしては性質が非常によく似ているから並び方を無視してどちらも（A_2B）と考え，（BBA）と（BAB）をまとめて（AB_2）とし，全体としては（A_3），（A_2B），（AB_2），（B_3）の 4 種類に分けて調査する場合が多い．例えば，脂肪酸は飽和脂肪酸（S：Saturated）と不飽和脂肪酸（U：Unsaturated）に大別されるから，トリアシルグリセリンとしては（S_3），（S_2U），（SU_2），（U_3）の 4 種類に区別して油脂中の含有割合や，それぞれのトリアシルグリセリンの性質などを調べるのが一般的である．そして，微量にしか含まれない脂肪酸は無視し，構造の似たもの同士はひとまとめにするなど，できるだけ組合せを整理し，簡単にした上で検討する方法がとられている．

2. 油脂のトリアシルグリセリン組成

2.1 脂肪酸組成とトリアシルグリセリン組成

天然油脂は単純トリアシルグリセリンの混合物と考えられていた時代が過去にはあった．すなわち，パルミチン酸，オレイン酸，リノール酸を含有する油脂は，トリパルミチン，トリオレイン，トリリノレインの混合物であるという考え方である．そして，この考え方に従って実際に油脂から，このような単純トリアシルグリセリンを分離しようと試みられたが成功しなかった．また，この説に従えば，同じ脂肪酸組成の油脂はすべて同じ性質を示すはずである．ところが実際には表-7のように，カカオ脂は鹿，羊，牛などの脂肪と質，量ともに非常によく似た脂肪酸組成であるにもかかわらず，これらの動物脂よりも融点が低く，その他の物理的性質も違っている．

結局，いろいろな組合せの混合トリアシルグリセリンであることが確認されて，油脂のもっている性質の相違は脂肪酸組成の違いだけでなく，グリセリンに結合しているアシル基の分布の仕方の違い――脂肪酸の組合せの違い――によっても左右されることが明らかになった．

一般に，油脂に薬品を作用させた時の変化など化学的性質は，主

表-7 植物脂と動物脂の脂肪酸組成（重量%）[1]と融点

	パルミチン酸 $C_{16:0}$	ステアリン酸 $C_{18:0}$	オレイン酸 $C_{18:1}$	リノール酸 $C_{18:2}$	その他の脂肪酸	融　点（℃）
カカオ脂	24	35	38	2	1	28～33
鹿　脂	24	31	36	2	7	―
羊　脂	27	27	35	2	9	44～47
牛　脂	30	25	36	1	8	43～48

にその脂肪酸組成と関係が深く，油脂の融点など物理的性質は，トリアシルグリセリン組成が関係していることが多い．

2.2　主要な油脂のトリアシルグリセリン組成

油脂を構成する複雑なトリアシルグリセリンを詳細に研究するには種々の高度な分析技術が応用されるが，大きく飽和トリアシルグリセリン（S_3）と不飽和トリアシルグリセリン（S_2U，SU_2，U_3）に分けるには古くから過マンガン酸カリウムやオゾンによる酸化法が用いられてきた．さらに細かく分ける方法としては，冷却した時に結晶化する温度の差を利用する低温分別結晶法，向流分配法，薄層クロマトグラフ（TLC）法，ガスクロマトグラフ（GC，GLC）法，高速液体クロマトグラフ（HPLC）法などがあり，最後に脂肪酸の結合位置を決めるには特殊な酵素が用いられる（Ⅷ，135～151ページ参照）．

表-8　天然油脂のグリセリン骨格のC2位に結合している脂肪酸[1]（重量%）

	全脂肪酸		2位に結合している脂肪酸	
	飽和脂肪酸	不飽和脂肪酸	飽和脂肪酸	不飽和脂肪酸
カカオ脂	60	40	10	90
綿実油	30	70	11	89
ラッカセイ油	21	79	1	99
大豆油	13	87	—	100
ナタネ油	5	95	2	98
パーム油	49	51	13	87
オリーブ油	15	85	1	99
豚　脂	36	64	71	29
羊　脂	58	42	33	67
牛　脂	68	32	47	53

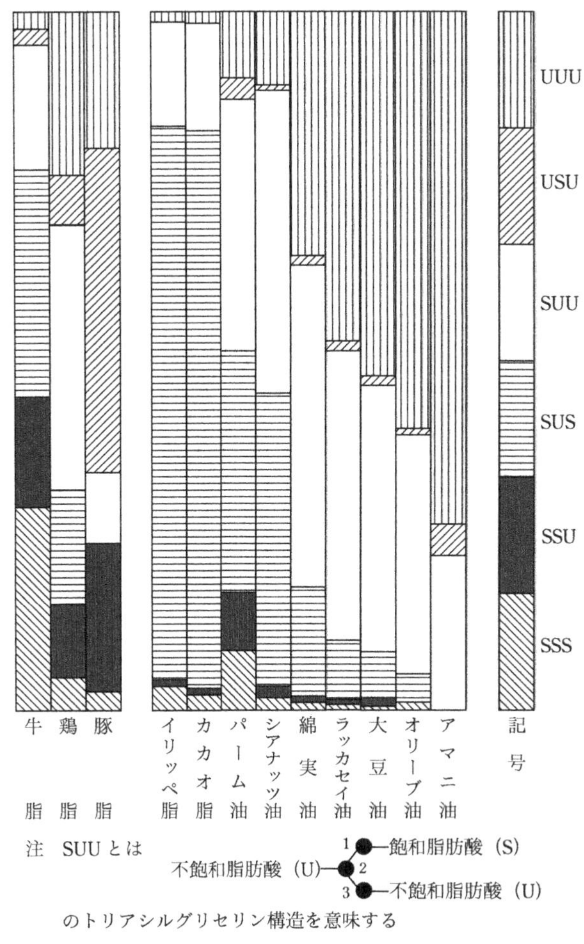

図-11 動植物油脂の構成トリアシルグリセリン[2)]

図-11は，このような方法で調査された動植物油脂の構成トリアシルグリセリンの割合を，飽和脂肪酸（S）と不飽和脂肪酸（U）で表わしたものである．図-11と表-4, 5を比較すると，脂肪酸組成とトリアシルグリセリン組成の間の密接な関係がわかる．例えば，不飽和脂肪酸の多い油脂では（UUU）トリアシルグリセリンが多く，飽和脂肪酸の多い油脂では（SSS)，(SSU)，(SUS）トリアシルグリ

表-9　酵素法による脂肪酸の結合位置の決定（%）[1)]

植物油脂	グリセリン骨格位	パルミチン酸 $C_{16:0}$	ステアリン酸 $C_{18:0}$	オレイン酸 $C_{18:1}$	リノール酸 $C_{18:2}$	α-リノレン酸 $C_{18:3}$	その他の脂肪酸	合　計
大豆油	1	14	6	23	48	9	—	100
	2	1	—	22	70	7	—	100
	3	3	6	28	45	8	10	100
アマニ油	1	10	6	15	16	53	—	100
	2	2	1	16	21	60	—	100
	3	6	4	17	13	59	1	100
カカオ脂	1	34	50	12	1	—	3	100
	2	2	2	87	9	—	—	100
	3	37	53	9	—	—	1	100
動物脂	**グリセリン骨格位**	**パルミチン酸 $C_{16:0}$**	**ステアリン酸 $C_{18:0}$**	**パルミトレイン酸 $C_{16:1}$**	**オレイン酸 $C_{18:1}$**	**リノール酸 $C_{18:2}$**	**その他の脂肪酸**	**合　計**
豚　脂	1	16	21	3	44	12	4	100
	2	59	3	4	17	8	9	100
	3	2	10	3	63	22	—	100
牛　脂	1	41	17	6	20	4	12	100
	2	17	9	6	41	5	22	100
	3	22	24	6	37	5	6	100
鶏　脂	1	25	6	12	33	14	10	100
	2	15	4	7	43	23	8	100
	3	24	6	12	35	14	9	100

セリンが多い.

また表-8は，トリアシルグリセリンを形成している天然油脂のグリセリン骨格のC2位に結合している脂肪酸を飽和脂肪酸と不飽和脂肪酸の割合で示したものである. カカオ脂と牛脂および羊脂は全脂肪酸組成の飽和脂肪酸と不飽和脂肪酸の割合が非常によく似ているが，C2位の脂肪酸はかなり違っている. また，植物種子油においてはグリセリン骨格のC2位がほとんど不飽和脂肪酸（リノール酸，オレイン酸）によって占められていることもわかる. したがって,植物種子油では飽和脂肪酸は主にC1,3位に結合している. 表-9は動植物油脂についてリパーゼを用いた最新の方法により各脂肪酸の結合位置を明らかにしたものである. この表から，トリアシルグリセリンのC1位と3位に結合している脂肪酸は同一のものが多いといえよう.

天然の動植物油脂のトリアシルグリセリン組成を調査してみると，脂肪酸の分布はこれまでの解説で多少ふれてきたように，脂肪酸組成に基づいてある一定の自然法則に従っているようである. そして，その法則について昔からいろいろな学説が提出され，論議されている.

参考資料

1) F.D.Gunstone, An Introduction to the Chemistry and Biochemistry of Fatty Acids and their Glycerides, Chapman & Hall, London (1967)

2) The Chemistry of Glycerides, A Unilever Educational Booklet—Advanced Series No.4 (1965)

Ⅳ　油脂以外の脂質

1. ロ　　ウ

1.1 ロウの構造

アシルグリセリンは三価アルコールであるグリセリンと脂肪酸のエステル化合物であるが，ロウはグリセリンの代わりに高級アルコールと脂肪酸がエステル結合したものである．

高級アルコールとは，炭素数が6以上の脂肪族炭化水素基の末端に水酸基1個を持った化合物である．ロウの成分として見出されている高級アルコールには2種類あって，その1つはオレイルアルコールやセチルアルコールのように脂肪酸と同じく直鎖状の骨格を持っている．違っている点は脂肪酸の末端のカルボキシ基の代わりに水酸基がついていることである．もう1つの高級アルコールは動物ステロールであるコレステロールや植物ステロールであるスチグマステロールのような複雑な環状構造をしている．いずれも水酸基を1個しかもたない一価アルコールであるから，ロウは高級アルコール1分子の水酸基と脂肪酸1分子のカルボキシ基が，エステル結合により結びついたものである．ロウを形成する直鎖状のアルコールは大部分が飽和アルコールで，炭素数は8～30，しかも脂肪酸と同じく偶数である．

1.2 動植物ロウの成分

天然の動植物ロウの成分は単一なものではなく，種々の高級アルコールとパルミチン酸やステアリン酸などのエステル化物を主成分とし，そのほかに，遊離の脂肪酸や高級アルコール，炭化水素などが混合している．液体のロウとして知られている鯨油には，かなりの量のトリアシルグリセリンが含まれているし，植物のロウには相当量の炭化水素が存在するのがふつうである．

環状アルコールのロウとしては，哺乳動物にコレステロールとパルミチン酸あるいはステアリン酸からなるロウが存在し，スチグマステロール，エルゴステロールなどと脂肪酸のエステル化物は植物に見出される．

2. 複 合 脂 質

脂肪酸を共通成分とし，それ以外にグリセリン，リン化合物や窒素化合物，グルコースやガラクトースなどの糖類，アミノ酸やタンパク質などがいろいろの組合せで結合したものを一般に複合脂質と名付けている．その種類ははなはだ多く，生物体内での働きが複雑微妙であることに比例して成分，構造もかなりこみ入っている．複合脂質の構造の複雑さを知るために，2, 3 の主な例をあげてみよう．

2.1 リ ン 脂 質

構造中にリン酸エステル部分をもつ脂質の総称であり，両親媒性をもつ．生体内で脂質二重層を形成して糖脂質やコレステロールとともに細胞膜の主要な構成成分となる．

Ⅳ　油脂以外の脂質

A：グリセロリン脂質の一例

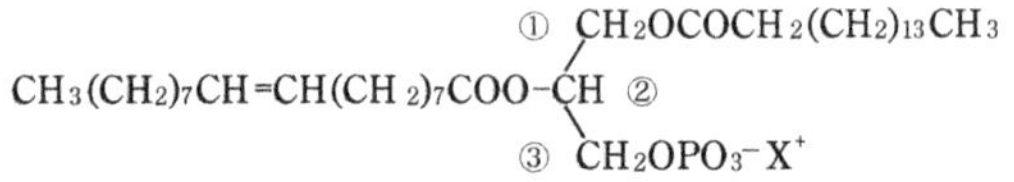

$$\begin{array}{l} \qquad\qquad\qquad\qquad\qquad\qquad\qquad\qquad ① \ CH_2OCOCH_2(CH_2)_{13}CH_3 \\ CH_3(CH_2)_7CH{=}CH(CH_2)_7COO{-}CH \ ② \\ \qquad\qquad\qquad\qquad\qquad\qquad\qquad\qquad ③ \ CH_2OPO_3^{-}X^{+} \end{array}$$

X: $-H$　ホスファチジン酸
$-CH_2CH_2N^{+}(CH_3)_3$　ホスファチジルコリン（慣用名レシチン）
$-CH_2CH_2NH_2^{+}$　ホスファチジルエタノールアミン（慣用名セファリン）

B：スフィンゴリン脂質の一例

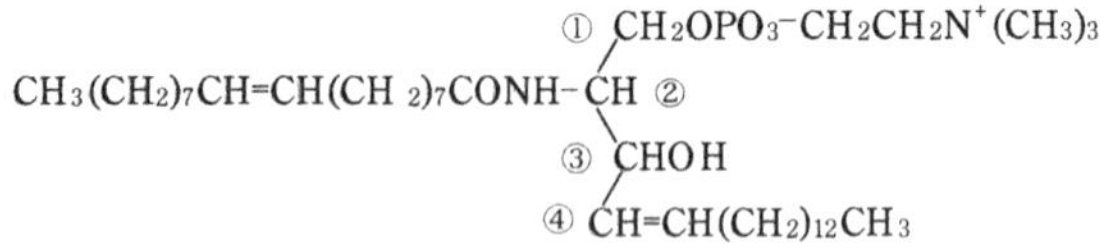

$$\begin{array}{l} \qquad\qquad\qquad\qquad\qquad\qquad\qquad\qquad ① \ CH_2OPO_3^{-}CH_2CH_2N^{+}(CH_3)_3 \\ CH_3(CH_2)_7CH{=}CH(CH_2)_7CONH{-}CH \ ② \\ \qquad\qquad\qquad\qquad\qquad\qquad\qquad\qquad ③ \ CHOH \\ \qquad\qquad\qquad\qquad\qquad\qquad\qquad\qquad ④ \ CH{=}CH(CH_2)_{12}CH_3 \end{array}$$

スフィンゴミエリン

図-12　グリセロリン脂質（A）とスフィンゴリン脂質（B）の構造

リン脂質には図-12のグリセリン骨格のC1, C2, C3位をそれぞれ①, ②, ③とすると，①と②に脂肪酸が，③にリン酸が，さらにリン酸に種々のアルコールがエステル結合したグリセロリン脂質(図-12A）と，アミノアルコールの一種であるスフィンゴシンのC1, C2, C3, C4位をそれぞれ①, ②, ③, ④とすると，①にリン酸が，さらにリン酸にアルコールがエステル結合し，②に脂肪酸がアミド結合しているスフィンゴリン脂質（図-12B）がある.

現在，大豆や卵黄から得たグリセロリン脂質が大豆レシチンや卵黄レシチンとして食品，香粧品，医薬品の乳化剤などに利用されている.

2.2 糖 脂 質

糖（主に，グルコースやガラクトース）を構成成分とする複合脂質でグリコリピドとも言う．クロロホルムやエチルエーテルのような有機溶媒に難溶であり，非晶質の白色粉末ものが多い．

アルコールに分類される糖がグリセリンのC1位でエーテル結合したグリセロ糖脂質（図-13A）および糖とスフィンゴシンがグリコシド結合を介して結合したスフィンゴ糖脂質（図-13B）がある．なお，グリセリンとスフィンゴシンのC2位とC3位にはそれぞれ脂肪酸が結合している．

なお，グリコシド結合とは糖分子と水酸基をもつ有機化合物（アルコール）が脱水縮合する結合様式を言うが，糖とスフィンゴシンのようなアミノ基をもつ化合物が脱水縮合する様式もグリコシド結合と言い，生成物を配糖体（グリコシド）とよぶ．

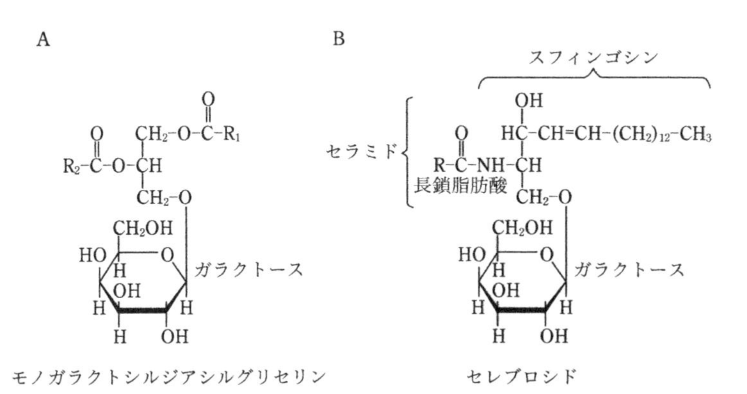

図-13 グリセロ糖脂質（A）とスフィンゴ糖脂質（B）の構造
（引用：vitamine.jp/bitat/colam23.html）

2.3　リポタンパク質

トリアシルグリセリンやコレステロールのような脂質は水に溶解しないので，血中にはそれ単独では存在できない．それ故，脂質はタンパク質と結合してリポタンパク質となって血中を循環し，コレステロールや他の脂質を体内に運搬する役割を担っている．図-14にリポタンパク質の形状を示す．

リポタンパク質は密度の低い脂質と高いタンパク質が種々の割合で複合体を形成している．それ故，脂質がタンパク質に多く結合しているとそのリポタンパク質の密度は低くなり，脂質の結合量が少ないとそのリポタンパク質の密度は高くなる．健常者のリポタンパク質は超低密度リポタンパク質（Very low Density Lipoprotein, VLDL），低密度リポタンパク質（Low Density Lipoprotein, LDL），高密度リポタンパク質（High Density Lipoprotein, HDL）からなっている．

図-14　リポタンパク質の形状
（引用：www.jokoh.com/dandi/sub1.htm）

V　油脂および脂肪酸の物理的性質

1. 立 体 異 性

脂肪酸の炭化水素鎖が飽和結合の場合には，結合軸が1本であるから炭素-炭素結合を軸にして自由に回転することができる．ところが二重結合があると，二重結合の両端の炭素は2本の結合軸で結ばれているために，自由に回転ができない．この場合には同じ炭素数の“鎖”でも，二重結合部を中心にして図-15のように立体的に異なる2種の構造が作られることになる．図に示したとおり，二重結合に対して炭化水素鎖が同じ側にあるものをシス（*cis*）型，反対位置にあるものをトランス（*trans*）型といい，この両者をシス-トランス異性体あるいは幾何異性体の関係にあるという．

オレイン酸とエライジン酸は，炭素数（C_{18}）も二重結合の位置（C9位）も同じであるが，両者はシス-トランス異性体の関係にあり，立体構造が違っている．したがって，立体的に安定性の低いシス型と安定性の高いトランス型とは物理的性質，例えば融点に差がありシス型が低く，トランス型は高い．二重結合が2個以上ある脂肪酸では，そのすべての二重結合部においてシス型とトランス型があり得るはずで，リノール酸を例にとれば図-16のように，理論的には4種の幾何異性体が存在することになる．しかし，天然に得られる脂肪酸は大部分がシス型で，トランス型はまれであり，天然の

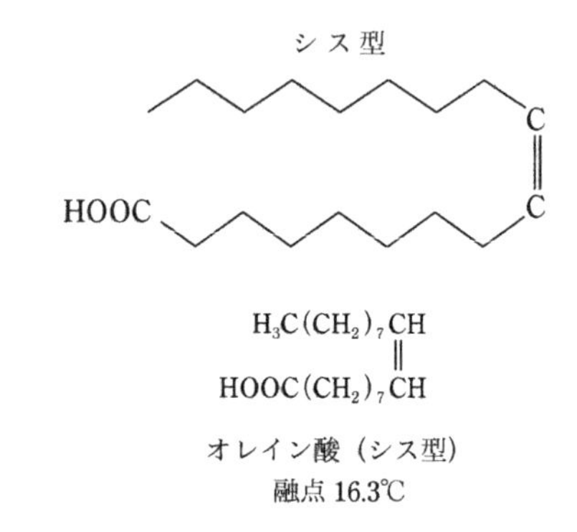

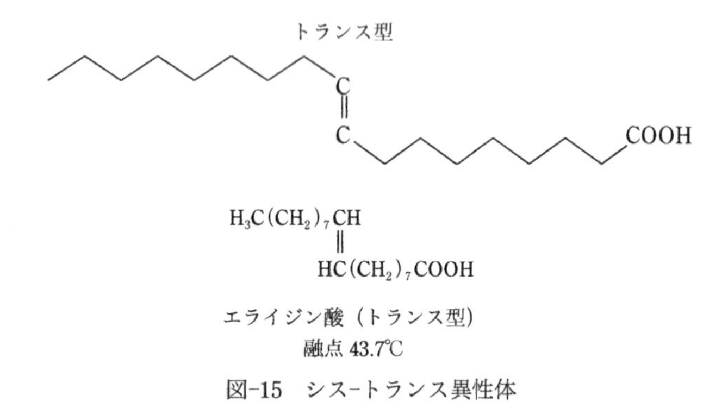

図-15　シス-トランス異性体

オレイン酸，リノール酸，α-リノレン酸，アラキドン酸のすべての二重結合はシス型であることが確認されている．

すべての二重結合がシス型である天然の不飽和脂肪酸も，次章で述べるように，薬品の作用，水素添加，自動酸化などの化学変化を受けると，その一部がトランス型に変わることがある．また，化学的に脂肪酸を合成するとシス型とトランス型の混合物が得られる．

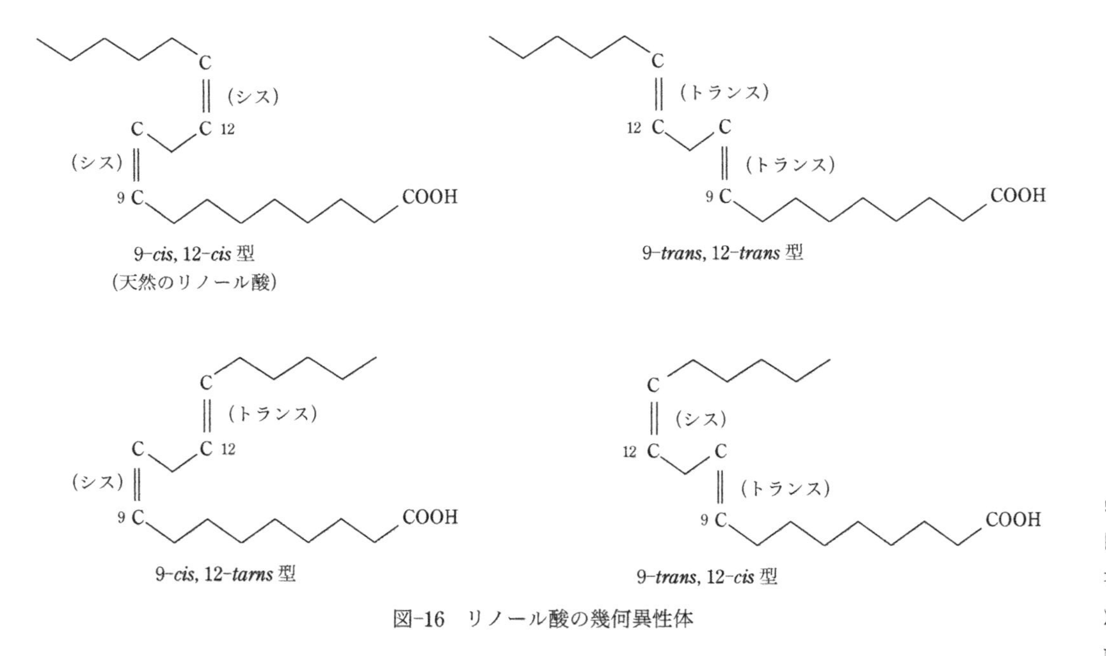

図-16　リノール酸の幾何異性体

このようなシス型からトランス型への転位は硬化油の物理的性質を左右するので重要である（VI，5.，83ページ参照）．

2.　融解，凝固，気化

2.1　融解点，凝固点

正確な表現ではないが，固体が融解して液体に変わる温度が融解点（融点）であり，液体が凝固して固体になる温度を凝固点と言い，

表-10　直鎖飽和脂肪酸の融点と沸点[1)]

炭素数	IUPAC組織名	慣　用　名	融点(℃)	沸点（℃）
4	ブタン酸	酪　酸	−5.3	164（常圧）
5	ペンタン酸	吉草酸	−34.5	186（〃）
6	ヘキサン酸	カプロン酸	−3.2	206（〃）
7	ヘプタン酸	エナント酸	−7.5	223（〃）
8	オクタン酸	カプリル酸	16.5	240（〃）
9	ノナン酸	ペラルゴン酸	12.5	256（〃）
10	デカン酸	カプリン酸	31.6	271（〃）
11	ウンデカン酸	—	29.3	284（〃）
12	ドデカン酸	ラウリン酸	44.8	130（1mmHg）
13	トリデカン酸	—	41.8	140（〃）
14	テトラデカン酸	ミリスチン酸	54.4	149（〃）
15	ペンタデカン酸	—	52.5	158（〃）
16	ヘキサデカン酸	パルミチン酸	62.9	167（〃）
17	ヘプタデカン酸	マルガリン酸	61.3	175（〃）
18	オクタデカン酸	ステアリン酸	70.1	184（〃）
19	ノナデカン酸	—	69.4	—
20	イコサン酸	アラキジン酸	76.1	204（〃）
21	ヘンイコサン酸	—	75.2	—
22	ドコサン酸	ベヘン酸	80.0	—
23	トリコサン酸	—	79.6	—
24	テトラコサン酸	リグノセリン酸	84.2	—

一般に融点と一致する．油脂の融点は炭素数，二重結合の数と位置などの化学構造によって左右される．

飽和脂肪酸の融点　一般に，有機化合物は分子量が大きくなると融点が高くなるが，飽和脂肪酸の融点も表-10 でわかるように，全体的には炭素数の増加に伴って高くなる傾向を示し，これを図示してみると，図-17 のように炭素数が奇数のもの（奇数脂肪酸）は，その前後の炭素数が偶数のもの（偶数脂肪酸）よりも融点が低い．例えば，炭素数 17 の脂肪酸（融点 61.3℃）は，炭素数 16 のパルミチン酸（融点 62.9℃）あるいは炭素数 18 のステアリン酸（70.1℃）よりも低い．これは直鎖飽和脂肪酸の特徴的な挙動であるが，メチルエステルにはこのような挙動は認められない．

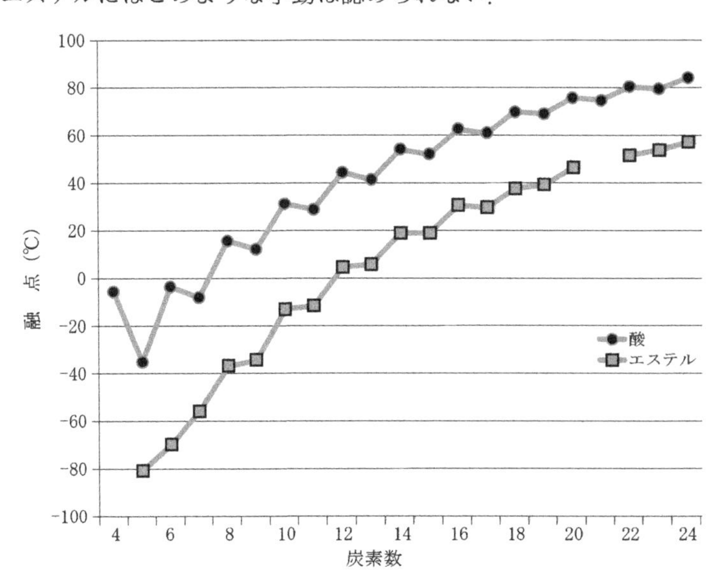

図-17　直鎖飽和脂肪酸とそのメチルエステルの融点[2)]

そこで偶数，奇数に関係なく炭素数の順に融点を結んでみると，図-17 のようにジグザグの直線が得られる．これは脂肪酸の結晶分子の構造が関係することであり，飽和脂肪酸の特徴である．また，脂肪酸をメチルエステル化すると，その融点は大幅に低くなる．

不飽和脂肪酸の融点　一般に不飽和脂肪酸の融点は同じ炭素数の飽和脂肪酸よりも低いが，二重結合の数，位置，シス-トランス配置などによっても変わる．同じ炭素数の脂肪酸を比べると，シス型はそれと対応するトランス型よりも融点が低く，シス型だけを比べると二重結合が炭化水素鎖の中央に近づくにつれて融点が下がる．しかし，トランス型ではこの傾向は明瞭ではない．そして，シス型でもトランス型でも，炭素数の偶数，奇数に応じて，飽和脂肪酸と同じようにジグザグの関係がある．図-18 はこれらの関係を図示したものである．

二重結合の数が増えると，融点は低下するが，共役二重結合をもつ脂肪酸（共役脂肪酸）は非共役の異性体よりも融点が高くなる．

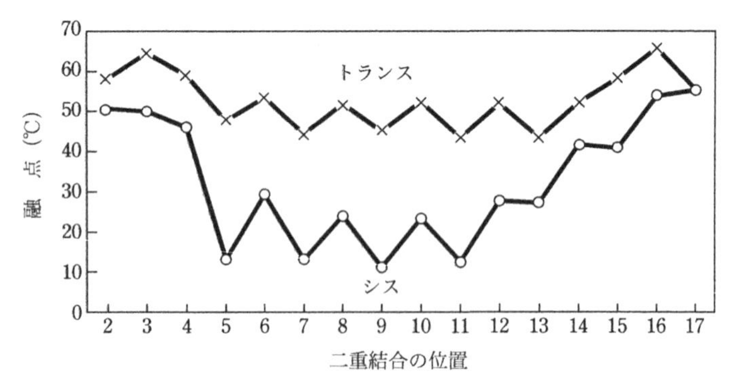

図-18　オレイン酸同族体（$C_{18:1}$）の融点[1)]

したがって，次章の水素添加によって二重結合を減らしたり，トランス結合が増えたり，または二重結合が移動して共役結合が生成したりすると，融点が上昇することになる．

油脂の融解，凝固　固体の脂肪が溶けて液体になる温度（融点）や液状の油脂が固まって固体になる温度（凝固点）には数種の測定法が提案されている．測定法が違えば，その値も異なるが，ここでは常識的にパーム油，ヤシ油など，常温で固体の脂肪において，全体が完全に溶けて液体になる温度を融点，また大豆油，ナタネ油など常温で液体の油では，全体が固まって流動性のなくなる温度を凝固点と考えて話を進める．

油脂は種々の脂肪酸からなるトリアシルグリセリンの混合物であるから，その融解や凝固は，大まかにいえば油脂を構成する脂肪酸の種類と構成割合によって左右される．しかし，単一な化合物ではないから，純粋な脂肪酸のように明確な融点（凝固点）は示さない．例えば，固体脂では温度をゆっくり上げると（UUU），（UUS）など構成不飽和脂肪酸の多いトリアシルグリセリンがまず溶け始め，ついで，飽和脂肪酸の多いトリアシルグリセリンが溶ける．また，液体油を徐々に冷却して温度を下げると（SSS），（SSU）など飽和脂肪酸の多いトリアシルグリセリンが最初に白い結晶状に析出し，さらに温度を下げると全体が固まって凝固する．その上，未精製の油脂にはコメ油やトウモロコシ油のように，融点の高いロウを含むものもあり，水分やその他の不純物も融点（凝固点）に影響するので，同じ油脂でも精製の程度によってかなりの差がある．

油脂の融解や凝固は，トリアシルグリセリン分子の並び方（結晶構造）の変化によって起こり，温度の上げ方，下げ方によっていろいろな結晶構造を作る（多形，V，3.，56ページ参照）ので，その融点（凝固点）も1種でない場合が多い．例えば，精製した大豆油は寒剤を用いて短時間に，急速に冷却すると－10℃位まで凝固しないが，0℃に保った冷蔵庫内に長い日数放置しておくと，0℃でも凝固することがある．このように，油脂の融解や凝固の状態は，加温や冷却の条件により大きく変わるから注意を要するが，実用的な目安として数種の油脂について比較すると表-11のとおりで，良く精製されたナタネ油，サフラワー油，アマニ油などは凝固温度の低い油である．

表-11　精製油脂の融解温度と凝固温度

油　　脂	全体が融解する温度(℃)	全体が凝固する温度(℃) (急速に冷却した場合)
牛　脂	40～50	
バター脂肪	28～36	
カカオ脂	30～35	
豚　脂	28～48	
パーム油	27～50	
パーム核油	24～30	
ヤシ油	23～28	
大豆油		－8～－10
ナタネ油		－20～－24
綿実油*		－7～－8
サフラワー油		－20付近
ヒマワリ油*		－10～－15
トウモロコシ油*		－7～－10
コメ油*		－5～－10
アマニ油		－16～－25

* 脱ロウしたもの．

2.2 気　　化

飽和脂肪酸の沸点を表-10 に示した．一般に脂肪酸の炭化水素鎖が長くなるにつれ沸点も高くなり，ラウリン酸（$C_{12:0}$）以上のものは大気圧中での蒸留はむつかしく，減圧下に蒸留する必要がある．メチルエステルは対応する脂肪酸よりも沸点が低いから，脂肪酸混合物を蒸留法で分ける場合に，あらかじめメタノールと反応させてエステル化する方法がよく使われる．

一般に不飽和脂肪酸とそのエステルの沸点は，相当する飽和脂肪酸とそのエステルの沸点に差があるのと同様にかなり差があるが，次の 4 種の C_{18} 脂肪酸メチルは沸点が非常に近いので，蒸留法による分別はむつかしい．表-12 に C_{18} 脂肪酸とそれらのメチルエステルの沸点を示した．

アシルグリセリン，ことにトリアシルグリセリンになると分子が非常に大きくなるので，蒸留温度を高くすると共に減圧度を極端に低くしないと蒸発しない．トリアシルグリセリンを蒸留するには，通常，分子蒸留装置を用い，液体油の場合，温度 200～300℃，減圧度（5～10）$\times 10^{-3}$mmHg の条件が必要になる．

表-12　C_{18} 脂肪酸とそれらのメチルエステルの沸点の比較

脂肪酸：沸点	メチルエステル：沸点
ステアリン酸：184℃ /1mmHg	ステアリン酸メチル：156.0℃ /1mmHg
オレイン酸：223℃ /10mmHg	オレイン酸メチル：154.4℃ /1mmHg
リノール酸：202℃ /1.4mmHg	リノール酸メチル：154.0℃ /1mmHg
α-リノレン酸：157℃ /0.01mmHg	α-リノレン酸メチル：155.0℃ /1mmHg

3.　多形と結晶構造

3.1　油 脂 の 多 形

油脂が液状を呈している時は，アシル基の二重結合部以外の炭素は自由に回転しているから，炭化水素鎖は乱雑な形をしているが，油脂が固化結晶した時は，回転が止まってトリアシルグリセリン分子は互いに規則正しく配列している．その場合のトリアシルグリセリン分子の配列の仕方――結晶構造――は，冷却を急速に行うか，徐々に行うか，何℃で止めるかなどの条件によって違ってくる．すなわち，同じ化学組成をもつ炭化水素鎖の長い化合物が2つ以上の異なる結晶形をとりうる現象を多形という．一般に，油脂を急冷するとまず不安定なα結晶が析出し，ついでβ'（ベータプライム）→中間形→β結晶の順に，より安定な結晶形に転移していく．この現象は，固体脂を取り扱う際に実用的に重要で，固体脂の製造に当たって製品に好ましい物理的性質を与えるためには，多形現象を理解した上で，油脂の調合，加温，冷却などの条件を決めねばならない．マーガリンの表面の肌が保存中にザラザラしてきたり，チョコレートの表面がザラザラして白っぽくなるブルーミング現象を生じたりするのは，油脂の加温や冷却の条件によって結晶構造が変化する多形転移と関係がある．

3.2　油脂の結晶構造

X線を使って，固体脂の結晶構造を研究した結果によると，トリアシルグリセリン分子は1個または2個が一組になって単位結晶を作り，単位結晶が整然と並んで結晶構造を作っている．単位結晶は

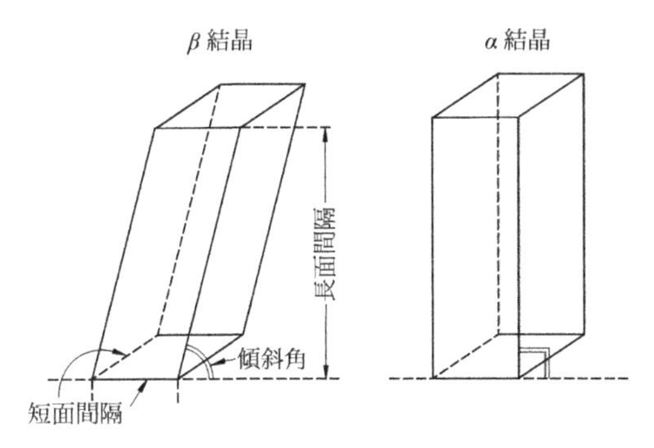

図-19 トリアシルグリセリンの単位結晶

図-19のような細長い四角柱で，図の傾斜角が直角の場合（α結晶）もあれば，直角より小さい場合（β結晶）もある．傾斜角が違えば，結晶形も異なり，多形を生じることになる．トリアシルグリセリンの多形の一例をあげると，単純飽和トリアシルグリセリンには表-13に示したように4種類の結晶形があり，融点も違っている．

図-19において，単位結晶の長面間隔を測定してみると，アシル基2個の長さに相当するものと，3個の長さに相当するもののあることがわかった．このことから，トリアシルグリセリン分子は図-20のようなイス型の構造をしていて，単位結晶の長面間隔がアシル基2個の長さの場合は，トリアシルグリセリン2分子が図-20(a)の形に組み合わされ（二鎖長構造），炭化水素鎖の2倍の長さの単位結晶

表-13 トリパルミチンとトリステアリンの結晶構造と融点

構成脂肪酸	融点（℃）			
	γ結晶	α結晶	β′結晶	β結晶
パルミチン酸（$C_{16:0}$）	45.0	56.0	63.5	65.5
ステアリン酸（$C_{18:0}$）	54.5	65.0	70.0	71.5

を作り，3個の長さの面間隔を持つ場合は，トリアシルグリセリン2分子が（b）の形をとって（三鎖長構造），炭化水素鎖の3倍の長さの単位結晶を作るものと考えられている．二鎖長構造は多くの混合トリアシルグリセリンにみられるが，アシル基の長さがかなり異なる場合や，不飽和脂肪酸1個を含むトリアシルグリセリンの場合には，三鎖長構造をとることがある．図-21はパルミト-オレオ-ステアリン結晶の三鎖長構造の模型図である．

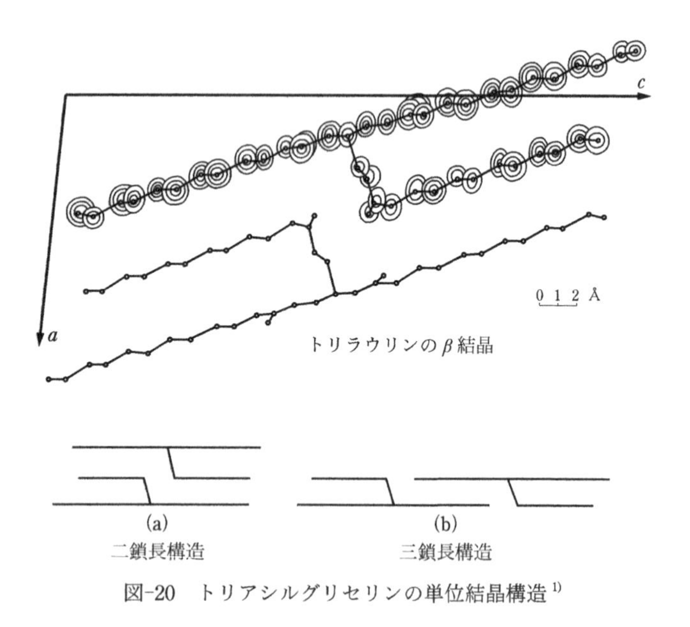

図-20　トリアシルグリセリンの単位結晶構造[1)]

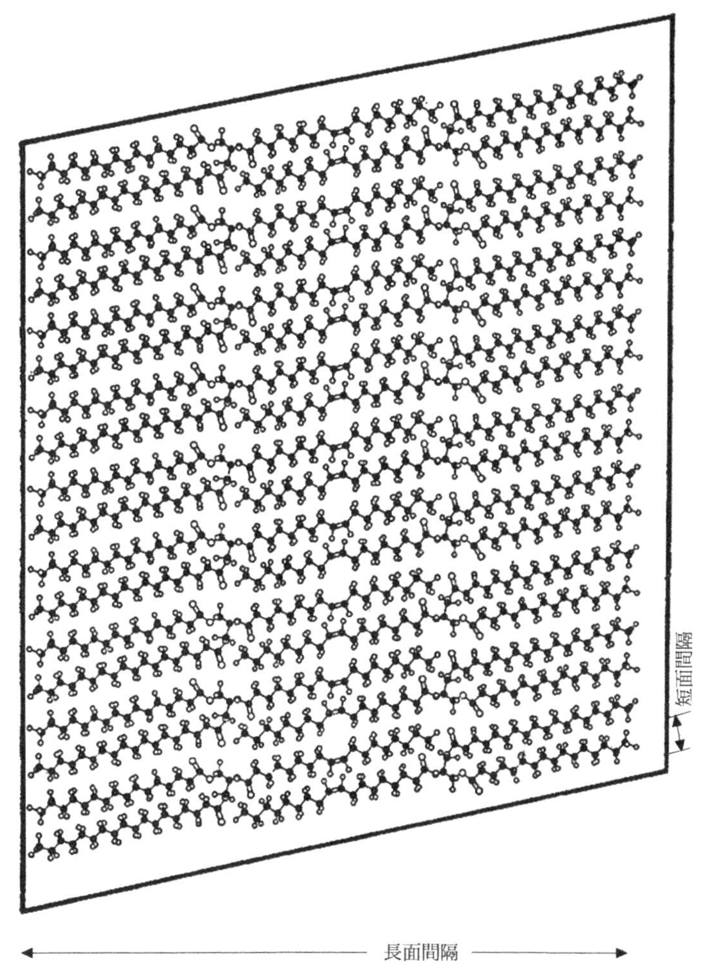

図-21 パルミト-オレオ-ステアリンの結晶構造[1]
(三鎖長構造, β結晶)

4. 単 分 子 膜

炭化水素鎖の短い低級脂肪酸は水に溶けるが，高級脂肪酸は水に溶けない．高級脂肪酸の1滴を水面に落とすと，非常に薄い均一な厚さの膜になって水面にひろがる．この薄膜は単分子膜とよばれ，その厚さは脂肪酸1分子の長さに等しい．そして，図-22のように親水性の強いカルボキシ基が水に引きつけられ，疎水性の炭化水素鎖の部分は水面に直角に立って並んでいる．この薄膜に四方から圧力を加えて，膜が破れない限度いっぱいまで圧縮した時の面積を計り，その値から個々の単分子の占める面積を計算してみると，$21 \times 10^{-16} cm^2$になる．すべての分子が水面に直角に立っているとすれば，この面積は分子の長さに無関係と考えられるが，実験の結果も単分子の占める面積は，炭化水素鎖の長さと関係なく一定である．つまり，この値は脂肪酸分子の断面積に等しいはずであるが，別の方法で測定したメチレン基（$-CH_2-$）の占める面積とほぼ一致するところから，単分子膜の分子配列の考え方の正しいことが証明された．

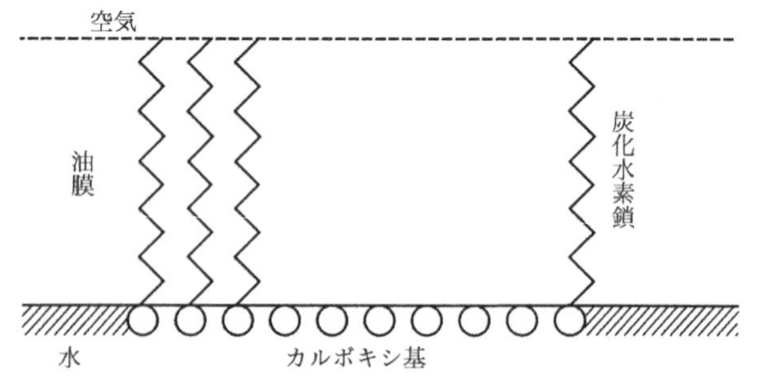

図 22　脂肪酸の単分子膜

5. 溶　解　度

5.1　水に対する溶解度

脂肪酸および油脂は水に溶けにくいとされている．しかし，脂肪酸のカルボキシ基は水と親和力があるから，石油の水に対する溶解度にくらべると多少は溶けやすいといえる．水に対する脂肪酸の溶解度は，表-14 のように炭化水素鎖が長くなるほど小さくなり，温度が高くなると，温度に比例して大きくなる．この傾向は油脂の場

表-14　溶媒に対する飽和脂肪酸の溶解度[1]

(20℃で溶媒 100g に溶解する脂肪酸の g 数)

脂肪酸	水	ベンゼン	メタノール	エタノール	アセトン	クロロホルム	アセトニトリル
$C_{10:0}$	0.015	398	510	—	407	326	66
$C_{12:0}$	0.0055	93.6	120	105	60.5	83	7.6
$C_{14:0}$	0.0020	29.2	17.3	23.9	15.9	32.5	1.8
$C_{15:0}$	0.0012	36.2	16.4	—	13.8	38.1	1.1
$C_{16:0}$	0.0007	7.3	3.7	7.2	5.4	15.1	0.4
$C_{17:0}$	0.0004	9.2	2.5	6.6	4.3	17.8	0.2
$C_{18:0}$	0.0003	2.5	0.1	2.3	1.5	6.0	＜0.1

表-15　油脂に対する水の溶解度[3]

	水の溶解度	
	温　度 (℃)	%
綿 実 油	32.2	0.138
	22.5	0.121
	0	0.074
牛　　脂	100	0.27
大 豆 油	22	0.11
	60	0.19
パーム油	60	0.23

合も同じである.

一方，脂肪酸に対する水の溶解度も，同様に炭化水素鎖が長くなるほど小さくなる. 油脂に対する水の溶解度を表-15に示したが，常温で油脂に対して水は約0.1%溶けると考えてよいだろう.

5.2　有機溶媒に対する溶解度

表-14で明らかなように，飽和脂肪酸の有機溶媒に対する溶解度は水に対する溶解度と同様，炭化水素鎖の長さに逆比例するが，炭素の偶数，奇数に応じてジグザグの関係がみられる. また，飽和脂肪酸の有機溶媒に対する溶解度は，相対的にクロロホルムによく溶け，アセトニトリルには溶けにくい.

有機溶媒に対する飽和脂肪酸と不飽和脂肪酸の溶解度の差は，低温（+10～−70℃）になると非常に大きくなる. この性質は低温分別結晶法として，脂肪酸の分別に利用されている. 低温の場合も溶解度は炭化水素鎖の長さに反比例して小さくなるが，非共役二重結合数が増えると溶解度は増加する. ただし，共役脂肪酸にはこの傾向は認められない.

表-16は0℃以下におけるアセトンおよびメタノールに対する飽和脂肪酸と不飽和脂肪酸の溶解度を比較したものであるが，この結果によると，−30℃で溶解するパルミチン酸とオレイン酸の比はアセトンで（1:42），メタノールで（1:43）となり，−60℃で溶けるオレイン酸とリノール酸の比はアセトンの場合（1：20），メタノールでは（1:30）となって，不飽和度の高い方の脂肪酸がはるかによく溶けることがわかる. この性質を利用して，脂肪酸の混合物を適当な溶媒に溶かして冷却し，飽和脂肪酸を結晶させ不飽和脂肪酸と

表-16　飽和脂肪酸と不飽和脂肪酸の低温での溶解度[1)]

（溶媒 100g 中の脂肪酸の g 数）

溶媒	脂肪酸	0℃	−20℃	−30℃	−50℃	−60℃
アセトン	$C_{16:0}$	0.66	0.10	0.04	—	—
	$C_{18:0}$	0.11	0.01	—	—	—
	$C_{18:1}$	—	5.20	1.68	0.17	0.06
	$C_{18:2}$	—	—	—	4.10	1.20
	$C_{18:3}$	—	—	—	—	4.32
メタノール	$C_{16:0}$	0.46	0.05	0.02	—	—
	$C_{18:0}$	0.09	0.01	—	—	—
	$C_{18:1}$	—	4.02	0.86	0.10	0.03
	$C_{18:2}$	—	—	—	3.10	0.90
	$C_{18:3}$	—	—	—	—	1.76

分離することができる．

5.3　油脂に対する気体の溶解度

気体は微量ではあるが，油脂に溶解する性質をもっている．溶解する量は油脂の温度と，気体の圧力により大きい違いがあり，表-17 は大気圧下で，大豆油に対する数種の気体の溶解度を測定した結果であるが，二酸化炭素が最もよく溶け，ついで酸素，窒素，水素の順である．一般的に，温度が高くなると気体の溶解する量は減るが，酸素だけは逆の傾向を示している．その理由は，酸素以外の気

表-17　大豆油に対する気体の溶解度

（常圧，760mmHg）

温度（℃）	溶解度［油脂 1g に溶解する気体量（cm^3）］			
	二酸化炭素	窒　素	水　素	酸　素
30	1.10	0.095	0.05	0.16
70	0.68	0.06	0.03	0.30

体は物理的に油脂中に溶けているのに対し，酸素は不飽和脂肪酸と化学的に結合して付加物（過酸化物）を作り，温度が高くなるほど酸素の付加する量が増えるためと考えられる．

参考資料

1) F.D.Gunstone, An Introduction to the Chemistry and Biochemistry of Fatty Acids and their Glycerides, Chapman & Hall, London (1967)
2) F.D. Gunstone, J.L. Harwood and F.B. Padley Eds., The Lipid Handbook, 2nd ed., Chapman & Hall, London (1994)
3) Journal of the American Oil Chemists' Society

VI　油脂の化学的性質

1.　必要な化学結合と名称

油脂の化学的な反応を解説するに先立って，必要な化学結合とその名称について述べよう．

炭化水素基　炭素（C）と水素（H）からなる官能基あるいは残基を炭化水素基といい，油脂に関連する炭化水素基は，炭素が鎖状に長くつながったものが多く，脂肪酸でいえば，炭化水素鎖の部分がこれに相当する．炭化水素基が母体になって，これにいろいろの原子団が結合して特殊な性質を示す化合物が作られる．母体となる炭化水素基を，一般にR—で表わすことが多い．

カルボキシ基　炭化水素基にカルボキシ基の結合したものが脂肪酸である．カルボキシ基を化学式では，

$$-\overset{\displaystyle O}{\overset{\|}{C}}OH \quad \text{あるいは} \quad -COOH$$

で表わす．

したがって，脂肪酸の一般式は

$$R-\overset{\displaystyle O}{\overset{\|}{C}}OH \quad \text{あるいは} \quad R-COOH$$

で示される．

水酸基（ヒドロキシ基）　水素と酸素からなる原子団．化学式は

－OH で表わす．脂肪族炭化水素基と水酸基の結合したものを，一般にアルコールといい，一般式は R—OH で示される．ロウの成分である高級アルコールがその例である．グリセリン(グリセロール)は水酸基 3 個を持ち，三価アルコールに分類される．

エステル　酸とアルコールが結合して生成したものをエステルという．一般式では

$$\underset{\text{脂肪酸}}{R{-}COOH} + \underset{\text{アルコール}}{R'{-}OH} \longrightarrow \underset{\text{エステル}}{R{-}CO{-}OR'} + \underset{\text{水}}{H_2O}$$

で示されるが，アシルグリセリンは脂肪酸とグリセリンとのエステルである．また，このような結合をエステル結合という．

カルボニル基　炭素と酸素からなる原子団．化学式は

$$-\overset{|}{C}{=}O \quad \text{あるいは} \quad -\overset{|}{C}O$$

カルボキシ基は，カルボニル基に水酸基が結合したともいえる．一般に，カルボニル基に 2 個の炭化水素基の結合したもの

$$R{-}\overset{\overset{\displaystyle R'}{|}}{C}{=}O$$

をケトン化合物という．

アルデヒド基　化学式

$$-\overset{\overset{\displaystyle H}{|}}{C}{=}O$$

で表わされる原子団．カルボニル基に水素が結合したものであり，カルボニル化合物の一種．

モノエン酸，ジエン酸，トリエン酸　以前はメタン系炭化水素やパラフィン系炭化水素ともよばれていた脂肪族飽和炭化水素を

IUPAC 命名法ではアルカン（alkane）と言うが，alkane の語尾 “ane” を “ene” に置き換えると二重結合 1 個をもつ炭化水素であるアルケン（alkene）になる．すなわち，“ene，エン” は二重結合を意味する．それ故，二重結合 1 個はモノエン，2 個はジエン，3 個はトリエンと言い，二重結合数が対応する脂肪酸はそれぞれ，モノエン酸，ジエン酸，トリエン酸と呼ぶことがある．

また，脂肪酸の炭素数を表わす場合，炭素 14 個，16 個，18 個を C_{14}，C_{16}，C_{18}……と書く．

油脂，すなわちトリアシルグリセリンの化学変化は，大きく分けると，カルボキシ基の関与する変化と，アシル基の部分の変化に大別される．前者は，加水分解，アルコールの生成，エステル交換などであり，水素添加，重合，自動酸化などは後者に属する．

2. 加 水 分 解

トリアシルグリセリン分子で，結合が一番弱い部分（切れやすい部分）はエステル結合である．動物の体内で脂肪が消化，吸収される場合，最初に起こる変化はエステル結合が切れて，脂肪酸が離れることである．このように，エステルであるトリアシルグリセリンが分解して元の脂肪酸とグリセリンにもどる変化を加水分解という（図-23 参照）．

トリアシルグリセリンを加水分解する方法はたくさんある．工業的に広く行われる方法には水酸化ナトリウムのようなアルカリ薬品を使用して，脂肪酸アルカリ塩（セッケン）として脂肪酸を得る方法（アルカリ加水分解）がある．この分解法をけん化ともいう．そ

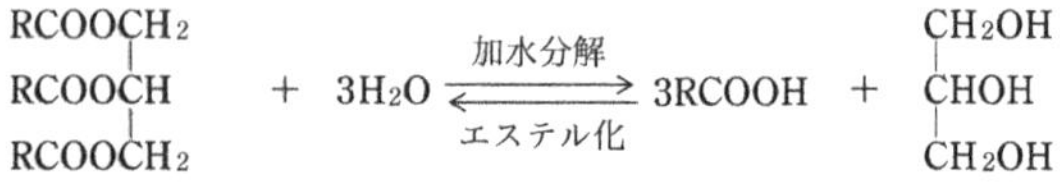

$$\begin{array}{l}RCOOCH_2\\ \quad\;\;|\\ RCOOCH\\ \quad\;\;|\\ RCOOCH_2\end{array} + 3H_2O \underset{\text{エステル化}}{\overset{\text{加水分解}}{\rightleftarrows}} 3RCOOH + \begin{array}{l}CH_2OH\\ |\\ CHOH\\ |\\ CH_2OH\end{array}$$

トリアシルグリセリン　水　脂肪酸　グリセリン

図-23　トリアシルグリセリンの加水分解

の他，水による加水分解，酸による加水分解，酵素による加水分解法などがある．

2.1　アルカリによる加水分解（アルカリ加水分解）

トリアシルグリセリンに，水酸化ナトリウムまたは水酸化カリウムの水溶液あるいはメタノール溶液を加え，加熱還流すると，脂肪酸のアルカリ塩（セッケン）とグリセリンができる（図-24 参照）．

牛脂やヤシ油などを原料として，アルカリ加水分解により工業的にセッケンを作る方法には油脂けん化法，脂肪酸中和法，エステルけん化法の 3 方法がある．油脂けん化法は原料の油脂を 100℃前後に加熱しながら必要量より少し多い水酸化ナトリウム水溶液を徐々に加え，数時間攪拌する．12～24 時間でけん化反応が終わるから，これに食塩を加えて塩析して生成したセッケンを分離する．この方法は原料の前処理を必要としないため古くから行われている．

脂肪酸中和法は原料油脂を高温高圧で加水分解した後，脂肪酸を

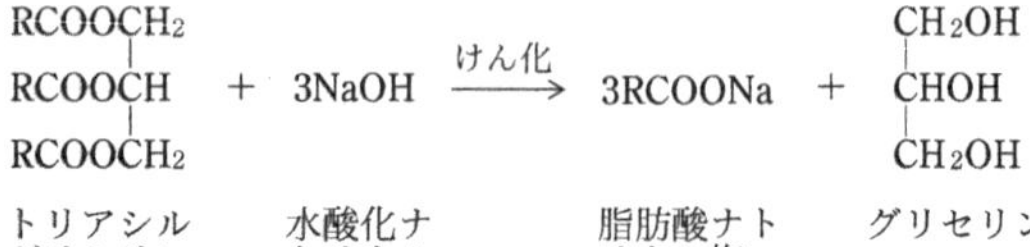

$$\begin{array}{l}RCOOCH_2\\ \quad\;\;|\\ RCOOCH\\ \quad\;\;|\\ RCOOCH_2\end{array} + 3NaOH \xrightarrow{\text{けん化}} 3RCOONa + \begin{array}{l}CH_2OH\\ |\\ CHOH\\ |\\ CH_2OH\end{array}$$

トリアシルグリセリン　水酸化ナトリウム　脂肪酸ナトリウム塩　グリセリン

図-24　トリアシルグリセリンのアルカリ加水分解（けん化）

蒸留によりグリセリンと分離してからアルカリで中和する．この方法は品質が安定し，大量生産に適しているため，連続中和法が採用されている．エステルけん化法は原料油脂を前処理としてエステル交換を行い，メチルエステルとした後にけん化を行う．この方法は低温・短時間でけん化反応を行うことができるため，油脂の酸化による変敗臭を抑制できる．

2.2 水による加水分解[1)]

油脂の水による加水分解は図-23 に示したような可逆反応であり，反応の進行は油相と水相の接触状況によって左右される．一般に反応初期は速度が遅いが，次第に速くなり後半には反応が平衡状態に近づき，反応系内のグリセリン濃度が増すために遅くなる．それ故，反応効率を上げるためには反応系内の油脂と水の接触効率が重要になり，温度，圧力，触媒の選択，反応生成物の系外への取り出しを考慮する必要がある．触媒として酸化亜鉛を用いると，油溶性の亜鉛セッケン［$(RCOO)_2Zn$］が生成し，これが油脂と水と触媒の接触効率を向上させる．例えば，触媒として酸化亜鉛を用いた連続式油脂分解法では，油脂を長い分解塔の下部から上に向かって押し上げ，塔の上部からは下に向かって水を流し，塔内で両者を接触させる．塔内の温度は250℃に保ち，圧力を加える．分解した脂肪酸の混合物は，水より比重が軽いため塔の頂部から出てくるから，これを蒸留して精製すれば混合脂肪酸が得られる．一方，塔の底部から出てくる水は甘水（かんすい）とよばれ，10～12%のグリセリンを含んでいるから，これからグリセリンを回収する．塔内では高温，高圧下で亜鉛セッケンの作用により水が油脂に溶けこみやすくなるため，油相の加水分解が促進される．

また，硫酸を触媒として用いることもあるが，硫酸は水相に偏在するため，これを避けるために芳香族スルホン酸と併用されることもある．トイッチェル分解法は，簡便な点から昔は広く用いられた．すなわち，油脂とその半量の水を混合し，触媒としてトイッチェル試薬約1％を加えて100℃に加熱すると，24〜48時間で分解が終わる．触媒は炭化水素鎖の長い化合物（脂肪酸あるいは石油系炭化水素）とベンゼン，ナフタレン，アントラセンなどの芳香族化合物との混合物に硫酸を作用させて調製する．この試薬は強力な乳化力を持っているので，その作用効果の一部は，油脂と水を乳化させることにあるといわれているが，トイッチェル法の欠点は反応時間が長いこと，硫酸による分解槽の腐食が激しいこと，グリセリンが硫酸と反応して回収できないこと，得られる脂肪酸が極端に着色することなどである．

現在，最も広く行われている工業的加水分解法は連続高圧分解法であり，その特徴として高温・高圧で油脂への水の溶解度を増すと同時に連続的に水を供給することにより，生成したグリセリンを系外に除去して，加水分解が進行する方向に平衡反応を移動させている．代表例として向流式コルゲート・エメリー法がある．この方法は温度を250〜260℃，圧力を5〜6MPaに保ち，反応塔の上部から水を，下部から油脂を注入して，塔内で両者を接触させる方法である．2〜3時間の接触後，脂肪酸は反応塔の上部から，グリセリン水溶液は下部から取り出される．分解率は無触媒で98〜99％である．

その他に加水分解酵素である種々の起源のリパーゼを用いた分解が行われている．現在汎用されているリパーゼを表-18に示したが，これらのリパーゼには位置特異性のないものと1,3位特異性のあるものがあり，油脂を完全に加水分解したい場合は位置特異性のないリパーゼを，食品，香粧品，医薬品などの乳化剤として利用するモノアシルグリセリン（MAG）を調製する場合は1,3位特異性リパーゼを用いる．図-25に1,3位特異性リパーゼを用いた油脂の加水分解によるMAGの生成反応を示した．

表-18　代表的な油脂加水分解酵素

酵素名	起源	位置特異性	加水分解活性 (U/g)	最適 温度 (℃)	最適 pH
リパーゼOF	*Candida rugosa*	なし	360,000	37	7.0
リパーゼG	*Penicillium camembertii*		50,000	30	5.0
リパーゼAYS	*Candida rugosa*		30,000	45	7.0
リパーゼPS	*Burkholderia cepacia*		30,000	45	7.0
リパーゼAK	*Pseudomonas fluorescens*		20,000	55	8.0
リパーゼAS	*Aspergillus niger*		12,000	45	6.0
リパーゼM	*Mucor javanicus*		10,000	37	7.0
リパーゼF-AP15	*Rhizopus oryzae*	1,3位特異性	150,000	40	6.5
ニューラーゼF3G	*Rhizopus niveus*		30,000	40	7.0
リパーゼR	*Penicillum roqueforti*		900	40	7.0
リポザイムRM-IM	*Rhizomucor miehei*		150	60	—
ブタ膵臓リパーゼ	*Porcine pancreas*		135	37	7.7

$$
\begin{array}{l} RCOOCH_2 \\ RCOOCH \\ RCOOCH_2 \end{array} + 3H_2O \xrightarrow{\text{リパーゼ}} 2RCOOH + \begin{array}{l} CH_2OH \\ CHOCOR \\ CH_2OH \end{array}
$$

トリアシルグリセリン　　水　　脂肪酸　　2-MAG

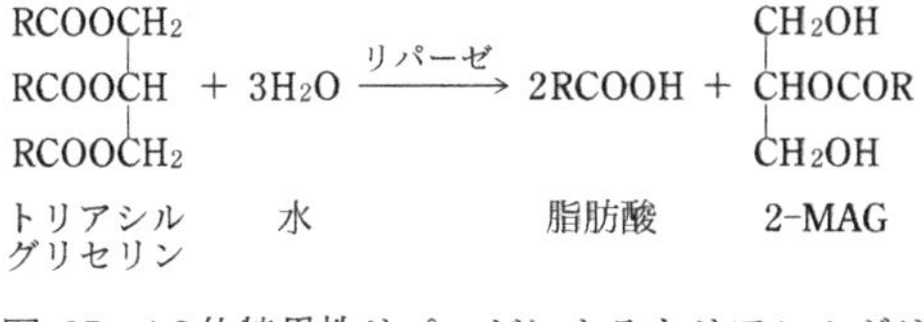

図-25　1,3位特異性リパーゼによるトリアシルグリセリンの加水分解反応

3.　接触還元による高級アルコールの生成[2)]

炭化水素鎖の長いアルコール，いわゆる高級アルコールは工業原料，特に合成洗剤の原料としてはなはだ重要である．油脂あるいは脂肪酸エステルのカルボキシ基をアルコール性水酸基に変える（還元する）ことにより高級アルコールを製造するには，工業的に金属ナトリウム還元法と接触高圧還元法があるが，そのほかにロウの加水分解法がある．

i)　金属ナトリウム還元法：Bouveault–Blanc（ブーボー–ブラン）還元と言われているこの方法は油脂や脂肪酸エステルを金属ナトリウムを触媒としてメタノールやエタノールのような低級アルコールと共に加熱すると，次の２段階反応によって脂肪酸が還元されて高級アルコールができる．

$$\underset{\text{金属ナトリウム}}{2Na} + \underset{\text{エタノール}}{2C_2H_5OH} \longrightarrow \underset{\text{ナトリウムエトキシド}}{2C_2H_5ONa} + \underset{\text{水素}}{H_2}$$

$$\underset{\text{脂肪酸エチルエステル}}{RCOOC_2H_5} + \underset{\text{水素}}{H_2} \longrightarrow \underset{\text{高級アルコール}}{RCH_2OH} + \underset{\text{エタノール}}{C_2H_5OH}$$

この場合，ナトリウム還元をする前に油脂（トリアシルグリセリン）に次項で説明するアルコーリシスの処理をして，脂肪酸エチルエステルとすると同時にグリセリンの回収を行うことがふつうである．本法の利点は，原料エステルの炭化水素基に不飽和結合があっても，それはなんらの変化も受けないことである．しかし，エステルのけん化が起こり，セッケンが副生する．

ii) 接触高圧還元法（高圧還元法）：下式に示すように，脂肪酸，脂肪酸無水物，脂肪酸エステル，脂肪酸塩，トリアシルグリセリンをCu-Zn-O系やCu-Fe-Al-O系の触媒存在下に200～350℃，水素圧4～30MPaの条件で還元する．なお，古くはCu-Cr-Oが触媒として用いられていたが，環境問題から現在は使われていない．この方法では，一部の二重結合に水素が付加したり，アルコールの脱水反応により炭化水素が副生する場合がある．

① $RCOOH + 2H_2 \longrightarrow RCH_2OH + H_2O$

② $2(RCO)_2O + 7H_2 \longrightarrow 4RCH_2OH + H_2O$

③ $RCOOR' + 2H_2 \longrightarrow RCH_2OH + R'OH$

④ $(RCOO)_2Pb + 5H_2 \longrightarrow 2RCH_2OH + 2H_2O + Pb$

⑤
$$\begin{array}{l} CH_2OCOR \\ | \\ CHOCOR' \\ | \\ CH_2OCOR'' \end{array} + 6H_2 \longrightarrow \begin{array}{l} RCH_2OH \\ \\ R'CH_2OH \\ \\ R''CH_2OH \end{array} + \begin{array}{l} CH_2OH \\ | \\ CHOH \\ | \\ CH_2OH \end{array}$$

iii) ロウの加水分解法：高級脂肪酸と高級アルコールのエステルであるロウを下式のようにアルカリ加水分解（けん化）して，遊離した高級アルコールを水蒸気蒸留してセッケンから分離する．

$$RCOOR' + NaOH \longrightarrow RCOONa + R'OH$$

この方法はエステルのアルコキシ基のみが高級アルコールになるため，他の方法より高級アルコールの収率が低い．

4. 分子間エステル交換（Interesterification，インターエステリフィケーション）

この用語は，次の3つの化学変化の総称である．すなわち，脂肪酸とグリセリンのエステルであるトリアシルグリセリンがアルコール，脂肪酸，あるいは他のエステルと反応して，新しいエステル，またはエステルの混合物に変わる変化である．この反応には常に触媒が必要で，アルコールと反応させた場合をアルコーリシス（Alcoholysis），脂肪酸を用いた場合をアシドリシス（Acidolysis），他のエステルと反応させた場合をトランスエステル交換（Transesterification）という．

さらに，油脂に対する3種類の化学的エステル交換による改質以外に，酵素を用いた方法も近年活用されている．

4.1　アルコーリシス（アルコール分解）

天然油脂を原料にして脂肪酸のメチルエステルを作りたい場合に，油脂をいったん，アルカリ加水分解（けん化）して混合脂肪酸ナトリウム塩を作り，次に，これを塩酸のような無機酸で中和して脂肪酸を得たのち，これにメタノールを反応させてエステルを作ることが広く行われるが，代わりに，油脂にメタノールと触媒を加えて直接メチルエステルを作ることができる．この方法をアルコーリシスといい，メタノールを使うとメタノリシス（Methanolysis），エタノールを使うとエタノリシス（Ethanolysis），グリセリンを使うとグリセロリシス（Glycerolysis）という．メタノリシスの触媒には，酸触媒（硫酸や塩酸など），アルカリ触媒（ナトリウムメトキシド，水酸化カリウムなど）が用いられる．

この逆反応はエステル化で，グリセリンと脂肪酸メチルエステルからトリアシルグリセリンを作ることができる．メタノリシスにはアルカリ触媒（使用量0.2～2.0％）の方が酸触媒よりも反応が速く，

4. 分子間エステル交換（Interesterification，インター エステリフィケーション）

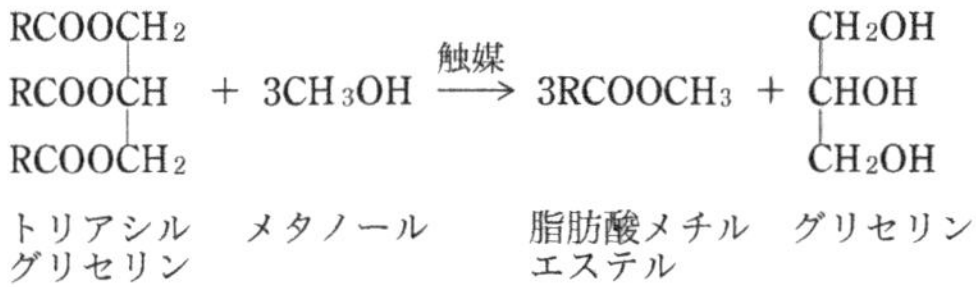

$$\begin{array}{l} RCOOCH_2 \\ \quad | \\ RCOOCH \\ \quad | \\ RCOOCH_2 \end{array} + 3CH_3OH \xrightarrow{\text{触媒}} 3RCOOCH_3 + \begin{array}{l} CH_2OH \\ | \\ CHOH \\ | \\ CH_2OH \end{array}$$

トリアシル グリセリン　メタノール　脂肪酸メチル エステル　グリセリン

図-26　トリアシルグリセリンのメタノリシス反応

しかも比較的低温（50～90℃）で完全に進行するが，反応系内に水分のないことと，トリアシルグリセリンがまったく中性であること(遊離脂肪酸を含まないこと）が必要条件である．

トリアシルグリセリンとアルコールの一種であるグリセリンを反応させて，ジアシルグリセリンやモノアシルグリセリンを作る方法も重要なアルコーリシスであり，トリアシルグリセリンとグリセリンにアルカリ触媒を加えて加熱すると，モノアシルグリセリン，ジアシルグリセリン，原料のトリアシルグリセリン，未反応のグリセリンの混合物が生成する．生成物の組成割合は，原料のトリアシルグリセリンとグリセリン量の比率によって定まる．ふつうには，油脂に対しその重量の25～40％のグリセリンと，0.5～2.0％の水酸化ナトリウムを加えて1～4時間, 200～250℃に加熱する．生成物は主としてモノアシルグリセリンで，分子蒸留によりジアシルグリセリンやその他の混合物と分離する．

4.2 アシドリシス（酸分解）

アシドリシスはアルコーリシスと比べて反応が遅く，高温で副反応を起こしやすいため実用化されている例は少ないが，工業的にはプラスチックスの原料となる高級脂肪酸のビニルエステルを作る場合に，脂肪酸と酢酸ビニルを酸触媒下に反応させることなどが，アシドリシスの例である．

$$RCOOH + CH_3COOCH{=}CH_2 \longrightarrow RCOOCH{=}CH_2 + CH_3COOH$$

脂肪酸　　酢酸ビニル　　脂肪酸ビニルエステル　　酢酸

4.3　分子間エステル交換

2種のエステル R—CO—OR′と R—CO—OR″が反応して，たがいのアルコキシ基 R′O—と R″O—，あるいはアシル基を交換し，R—CO—OR″と R—CO—OR′を作る反応を分子間エステル交換（Transesterification）あるいは単にエステル交換という．油脂は混合トリアシルグリセリンの混合物であるから，油脂に触媒としてナトリウムメトキシドあるいは水酸化ナトリウムを加え，80℃に加温するとアシルグリセリン分子間でアシル基の交換がランダムに起こり（ランダムエステル交換），油脂の融点やその他の物理的性質が変化する．例えば，このような処理を加えると大豆油の凝固点は−7℃から＋6℃に上がり，綿実油では凝固点が 10℃から 34℃に上昇する．また，

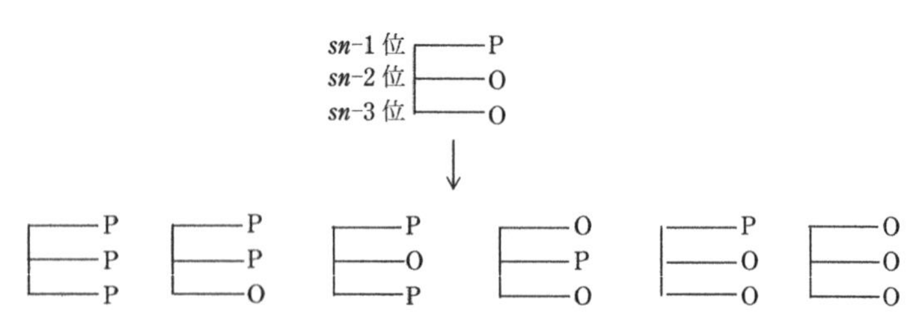

図-27　1-パルミトイル-2,3-ジオレオイルグリセリン（POO）のランダムエステル交換による生成物

4. 分子間エステル交換（Interesterification，インター エステリフィケーション）

1-パルミトイル-2,3-ジオレオイルグリセリン（POO）をエステル交換した場合，グリセリンの *sn*-1 位と *sn*-3 位を区別しないと図-27 に示したように 6 種類の分子種が生成する．これらはいずれもエステル交換が起こって，トリアシルグリセリンの脂肪酸分布が変わったためである．

表-19 は，豚脂に分子間エステル交換を施した時のトリアシルグリセリン組成の変化を示したものであり，飽和脂肪酸を S で，不飽和脂肪酸を U で表わすと，最も含量の多い SU_2 型が減って，その他の型のトリアシルグリセリンが増加している．エステル交換は，豚脂の改良法として実用的に重要である．元来，豚脂（天然ラード）はその成分の 1 つであるパルミト-オレオ-ステアリンが大粒のザラザラした結晶を作りやすいため，保存中にキメが粗くなる欠点がある．豚脂に分子間エステル交換処理を加えると，これらはパルミ

表-19 分子間エステル交換による豚脂の構成トリアシルグリセリンの変化[3]（%）

	S_3	S_2U	SU_2	U_3
無処理豚脂	3	25	53	19
処理豚脂	4	27	46	23

表-20 大豆油とトリステアリン混合物の分子間エステル交換[3]（%）［計算値］

	SSS	SUS	SSU	SUU	USU	UUU
大豆油	0.1	4.8	0.8	33.7	1.5	59.1
大豆油＋25％トリステアリン（混合物）	20.0	3.8	0.6	27.0	1.3	47.3
上記混合物のエステル交換物	3.4	7.1	14.3	29.6	14.8	30.8

ト-オレオ-ステアリンの異性体の混合物に変わり，この異性体は元のトリアシルグリセリンよりも融点が低いので結晶化しにくく，豚脂のキメが改善される．

また，飽和油脂と不飽和油脂の混合物をエステル交換すると，かなり性質の違ったトリアシルグリセリンができる．表-20は，大豆油とトリステアリンの混合物を処理した時の結果である．

大豆油とトリステアリンを混合しただけのものと，両者をエステル交換したものを比較すると，S_3，U_3が減少し，S_2U（特にSSU）とSU_2（特にUSU）が増えている．

以上はいずれも80℃前後でエステル交換を行った場合であるが，このほかに10〜40℃の低温で行う方法もある．この方法は，交換生成物のなかの融点の高いトリアシルグリセリン(主としてS_3型)が，反応液中で結晶化する温度で行う．結晶化したS_3を系外に取り出すと反応液中の組成分布が崩れ，S_3を生成する方向にエステル交換反応が進む．この繰り返しによって．系内ではU_3が濃縮されることになる．このような反応をディレクテッドエステル交換反応と言い，生成したS_3が結晶化して交換反応に関係がなくなることにより，さらに残った未反応トリアシルグリセリンの交換反応を促進することになる．こうして低温でのエステル交換を続けると高温の場合と逆の結果になり，S_3とU_3の割合が増え，SとUの混合型（S_2U，SU_2）が減少する．そしてSとUの混合型が減ることにより，脂肪の溶ける温度範囲が広がることになる．このことは，マーガリンなどの食用固体脂にとっては好ましい性質である．

低温で分子間エステル交換を行い，生成した結晶を除いて，再び同じ処理を繰り返す方法を綿実油に応用した場合を考えてみると，計算上は表-21のような結果が得られるはずである．元の綿実油のS_3は約1%であるが，第1回のエステル交換により約3%に増える．これが全部，結晶になるとしてそれを取り除くと，残った液体油の組成は表中の右側のようになるはずである．この液状部に第2回処理を加えると，S_3が2.5%生成するのでこれを除いた後，第3回の処理を施す．この操作を繰り返すことにより，最後には，分離された固体脂と液体油が得られるが，液体油は元の綿実油に比べてU_3が増え，S_2U（SSU + SUS），SU_2（SUU + USU）が減ることになる．この操作は油脂の性質を変えるための実用的な一方法であると考えられる．

表-21　綿実油の反復低温分子間エステル交換[3]（分子数の%）［計算値］

	エステル交換生成物				S_3を除いた後のエステル交換生成物			
	S_3	S_2U	SU_2	U_3	S_3	S_2U	SU_2	U_3
元の綿実油					0.9	21.6	48.7	28.8
第1回交換後	3.1	20.4	44.4	32.1	0	21.1	45.8	33.1
第2回交換後	2.5	18.2	43.9	35.4	0	18.7	45.0	36.3
第3回交換後	2.1	16.5	43.3	38.1	0	16.8	44.3	38.9
第4回交換後	1.7	14.9	42.7	40.7	0	15.2	43.4	41.4

4.4　酵素を用いたエステル交換

アルカリ触媒を用いる化学的エステル交換法に対して，油脂の加水分解酵素であるリパーゼを非水系や微水系で用いてエステル交換を行うことがある．リパーゼは表-18に示したように1,3位特異性のものと位置特異性のないものがある．4.3項に記述した化学法と同様に，1-パルミトイル-2,3-ジオレオイルグリセリン（POO）を1,3位

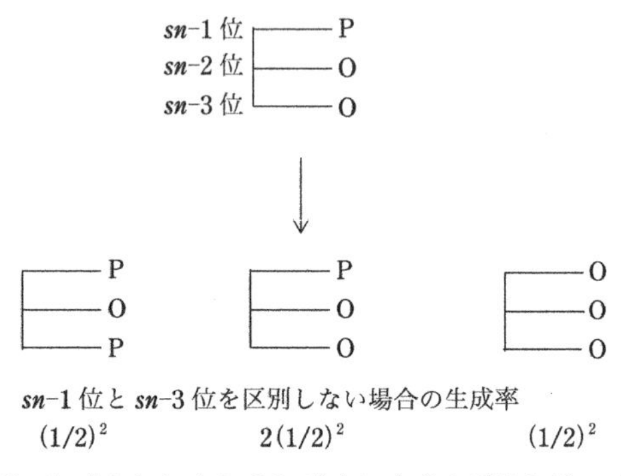

図-28 1-パルミトイル-2,3-ジオレオイルグリセリン (POO) の酵素的エステル交換による生成物

特異性リパーゼ触媒下にエステル交換すると，図-28 のようになる．図に示したように 1,3 位特異性リパーゼを用いると，*sn*-2 位が反応に関与しないため生成する POP の比率は化学法で 1/27 であるのに対して 1/4 になる．

一般に 3 種類の異なるアシル基をもつトリアシルグリセリンをエステル交換した場合, 化学法では 18 種類の分子種が生成するのに対して，1,3 位特異性リパーゼを用いた場合は 3 種類のみになる．

また，酵素法は化学法と異なり，脂肪酸メチルエステルのような副生成物が少なく，穏和な条件で反応が進行するため，油脂の劣化が少ない．しかし，酵素触媒は化学触媒より高価であるため，付加価値の高い製品の製造に適している．

5. 水　素　添　加

5.1　液体油と固体脂

油脂には常温（20℃前後）で液体のもの，固体のもの，液体油と固体脂が混合している半固体状のものがあるが，このような状態の相違は主として油脂を構成する全脂肪酸の二重結合数の合計が多いか少ないかによって左右される．当然のことであるが，常温で不飽和脂肪酸の多い油脂は液状であり，飽和脂肪酸の多い油脂は固まりやすい．一般に，寒い気候の地方で生育する植物，動物の油脂は液体油が多く，熱帯地方の動植物の油脂は固体脂が多い．全体的には，自然界では液体油の方が固体脂よりも量的に多く分布している．

ところが，日本は別として諸外国では，食用として豚脂，バターなどの固体脂がよろこばれ，またセッケンその他の工業原料としても固体脂が要望されるため，液体油を人工的に固体脂もしくは半固体脂に変える方法，すなわち水素添加が重要な意味をもつことになる．一方，後に自動酸化の項（VI，7.）で述べるように，飽和脂肪酸の多い固体脂の方が油脂の保存中の変質が少ないから，水素添加することは油脂の保存性を向上させることにもなる．

5.2　水　素　添　加

油脂の水素添加（水添とも言う）とは，下記のようにトリアシルグリセリンのアシル基にある炭素-炭素の二重結合に水素が付加して，単結合に変わる化学反応である．

$$-CH_2-CH=CH-CH_2- \xrightarrow{H_2} -CH_2-CH_2-CH_2-CH_2-$$

この反応は，油脂に適当な触媒を加え，加熱，攪拌しながら水素ガスを通じると起こる．温度，圧力，触媒の種類，水素の量などの条件を適切に選ぶと水素添加反応は迅速に起こり，そのまま進行させると最後にはトリアシルグリセリンのすべての二重結合が飽和して，完全に水素添加（極度水素添加）されてしまう．そしてこの場合には，比較的硬い（融点の高い）固体脂が得られ，主に工業原料に向けられる．工業的に水素添加の工程を“硬化”といい，得られた製品を“硬化油”とよぶのは，ここからきている．反応を途中で打ち切ると，一部の二重結合だけに水素が付加した比較的軟らかい(融点の低い）油脂が得られる．これが部分水素添加，あるいは軽度水素添加である．水素添加の触媒としては金属の化合物が使われ，ニッケルが最も広く用いられるが，白金，パラジウム，銅，クロムなどの化合物も利用されている．

5.3　反応の経過

油脂は二重結合数の異なる多種類の不飽和脂肪酸を含有している．このような油脂に水素添加を試みた結果，2つの重要な事実が判明している．

第1の事実は，水素はすべての不飽和脂肪酸に同時に，平均に付加せずに，最初に二重結合数の多い脂肪酸から水素が付加して二重結合数が順次減少して，二重結合1個の脂肪酸（モノエン酸）が作られ，ほぼすべてがモノエン酸になった後に，モノエン酸が飽和脂肪酸に変わる．例えば，α-リノレン酸，リノール酸，オレイン酸からなるトリアシルグリセリンの水素添加は，まず第1段階としてα-リノレン酸（トリエン酸，$C_{18:3}$）がリノール酸（ジエン酸，$C_{18:2}$）を経てオレイン酸（モノエン酸，$C_{18:1}$）になり，ついでオレイン酸がステアリン酸（飽和脂肪酸，$C_{18:0}$）になる．もちろん，反応条件の選び方により，このような階段的な反応の進み方に程度の差はあるが，傾向的には共通しており，この傾向を“選択性”という．そして，大豆油を例にとれば，α-リノレン酸，リノール酸だけをできるだけオレイン酸に変え，オレイン酸がステアリン酸に変わる反応は極力おさえるように反応条件を調節し，選択性の一部分を強調する方法を選択的水素添加とよんでいる．これは部分水添の一種である．

第2の事実は，水素添加反応の途中で二重結合の位置の移動が起こり，その結果，多数の位置異性体（同じ炭素数で二重結合の位置の異なるもの），幾何異性体（シス型，トランス型）が作られることである．したがって，油脂のような混合トリアシルグリセリンの水素添加生成物は，はなはだ複雑多岐にわたることになる．水素添加反応の経過を理解するために，単純な脂肪酸の場合から調べてみよう．

オレイン酸(9-*cis*-$C_{18:1}$)　オレイン酸を完全に水素添加するとステアリン酸（$C_{18:0}$）だけになる．しかし，反応がすべて終わる前に途中で打ち切ると，未反応のオレイン酸，ステアリン酸，種々のオレイン酸異性体（$C_{18:1}$）の混合物（ふつう，イソオレイン酸とよばれる）の三者の混合物が得られる．イソオレイン酸としては，オレイン酸のC9位にある二重結合が他の位置に移動したものや，元のシス型がトランス型に変わったものなどが含まれている．トランス異性体の生成は早く，その量も多い．この経過をまとめると次のとおりである．

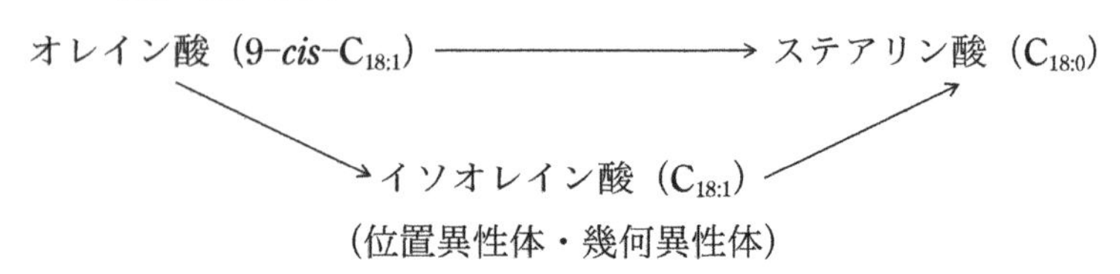

リノール酸（9-*cis*, 12-*cis*-$C_{18:2}$）　リノール酸の場合には，選択性，異性体の生成，C9 位または C12 位への水素の付加を考える必要がある．

図-29 は，リノール酸メチルの水素添加反応の経過を示しているが，階段的（選択的）水素付加の模様がよくわかる．すなわち，$C_{18:2} \rightarrow C_{18:1} \rightarrow C_{18:0}$ に順次変化するのではなく，まず大部分のリノール酸が $C_{18:1}$ 酸に変わっている．

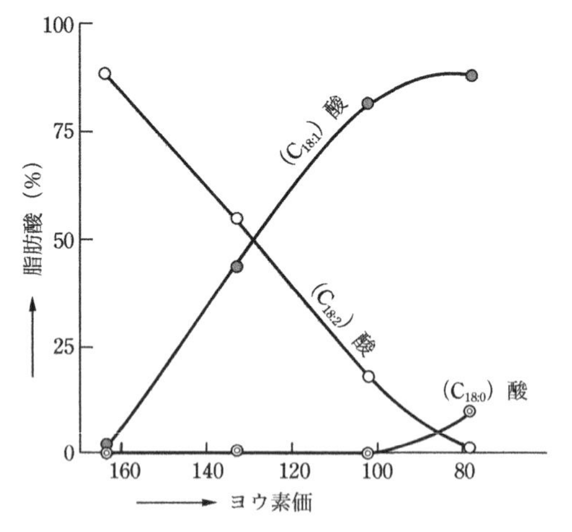

図-29　リノール酸メチルの水素添加の経過（反応温度：100℃，触媒：ラネーニッケル）

一方，二重結合が移動する証拠として反応の途中で共役二重結合を持った脂肪酸の生成があげられる．元のリノール酸も，それから生成した共役リノール酸も共に $C_{18:1}$ 酸になるが，共役リノール酸の方がリノール酸よりも早く水素を付加し，生成する $C_{18:1}$ 酸は主としてトランス型である．

また，2個の二重結合のうち，最初に水素が付加するのはC12位であり，C9位よりもカルボキシ基側から遠い二重結合が水素添加されると言われている．これらの経過をまとめると，次のとおりである．

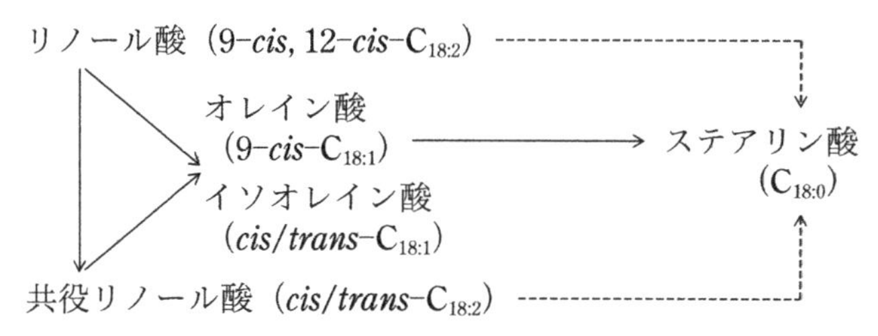

α-リノレン酸（9-*cis*, 12-*cis*, 15-*cis*-$C_{18:3}$） 原則的にはリノール酸の場合と同じ経過で水素添加が進行するが，二重結合の数が多いため反応経路と生成物はもっと複雑になる．傾向的には，大部分の $C_{18:3}$ が $C_{18:1}$ に水素添加されるまでは，$C_{18:1}$ から $C_{18:0}$ への転換はあまり起こらない．温度，触媒などの反応条件によって異なるが，α-リノレン酸の水素添加の第1段階では，α-リノレン酸の一部は $C_{18:2}$ 異性体の混合物になり，残りは直接 $C_{18:1}$ 異性体に変わる．その経過をまとめると次のとおりである．

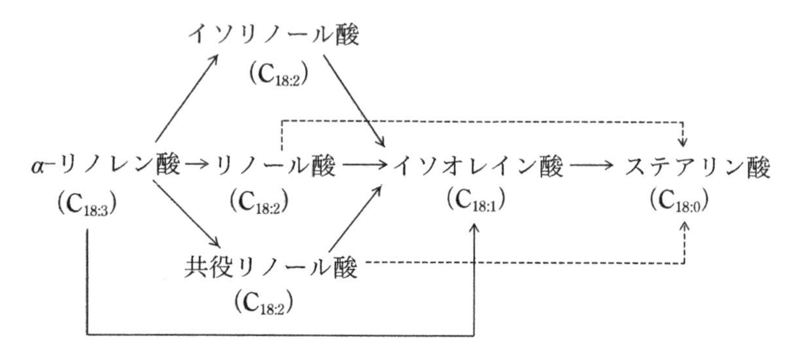

5.4 選択的水素添加

選択性 種々の不飽和トリアシルグリセリンが混合している場合，水素は不飽和度の高いアシル基から順に選択的に付加する傾向のあることは，すでに述べたとおりである．しかし，このような選択性がいつでも同じ程度に現れるとは限らない．

第1に，選択性は反応条件によって大きさが変わり，一般に反応温度を高くすること，圧力を低くすること，触媒量を増やすこと，反応溶液の攪拌をゆるやかにすることにより，選択性が大きくなる．

第2に，海産動物油のように不飽和度の高いトリアシルグリセリンでは，選択性が小さい．

第3に，エステルに比べて脂肪酸は選択性が低い．例えば，魚油のように C_{20}～C_{22} の高度不飽和脂肪酸の多いトリアシルグリセリンは，まず二重結合2個の脂肪酸まで水素添加され，次に非選択的にすべて飽和脂肪酸に変わってしまう．また，トリアシルグリセリンでなく，脂肪酸だけが混合している場合の水素添加では，反応の最初から一定割合で飽和脂肪酸が生成する．

表-22 脂肪酸エステルの水素添加速度[3)]

	水素添加速度	共役脂肪酸エステル
α-リノレン酸エステル（$C_{18:3}$）	40<	-C=C-C=C-C=C-
リノール酸エステル（$C_{18:2}$）	20<	-C=C-C=C-
イソリノール酸エステル（$C_{18:2}$）	3	
オレイン酸エステル（$C_{18:1}$）	1	

一般に，水素添加の選択性の大小は化合物の化学構造により左右されるといわれる．実験の結果によると，二重結合の数が同じ場合は共役結合を持った化合物の方が，非共役化合物よりも速く水素添加される．また，α-リノレン酸とリノール酸のエステルはイソリノール酸とオレイン酸のエステルよりもはるかに速く水素添加され，その時の水素の付加する速さの比較は表-22のとおりである．すなわち，α-リノレン酸エステルはリノール酸の2倍，オレイン酸の40倍の速さで水素添加される．したがって，水素添加された油脂のなかに共役脂肪酸がめったに存在しないことや，α-リノレン酸，リノール酸が最初に水素添加されることも，速度の差から説明できる．

では，α-リノレン酸やリノール酸がなぜオレイン酸よりも速く水素添加されるのだろうか？　答としては，二重結合の数の違いがまず考えられるが，α-リノレン酸やリノール酸にはオレイン酸にない化学構造があるためとする考え方が有力である．それは，次の構造をした部分，すなわち二重結合にはさまれたメチレン基（$-CH_2-$）の数が問題とされている．このような1,4-ペンタジエニル構造を形成するメチレン基が，α-リノレン酸には2個，リノール酸には1個あり，オレイン酸には全然ない．

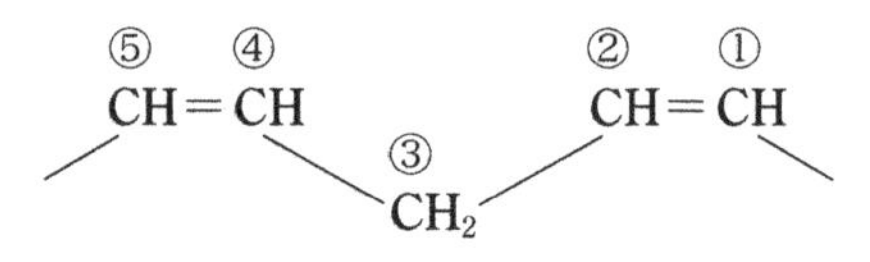

1,4-ペンタジエニル構造

油脂の選択的水素添加　食用油脂工業において選択的水素添加は，植物油脂や動物油脂の脂肪酸組成を変え，希望する性状の油脂を得るための重要な方法である．工業的に選択的水素添加は，多価不飽和脂肪酸の多い植物油（大豆油，綿実油など）において，飽和脂肪酸（固体脂肪酸）の生成を極力おさえながら，酸化安定性に劣る α-リノレン酸をリノール酸やオレイン酸に変えることにより，液体油の酸化安定性を向上させること，あるいはマーガリン，ショートニングなどの食用固体脂の製造に当たって，融点の高い飽和脂肪酸の生成を防ぎながら，不飽和脂肪酸の一部を水素添加して軟らかい口あたりのよい固体脂を作ることに応用されている．

選択的水素添加油脂の特徴を知る例として，ほぼ完全に水素添加して硬化した綿実油と水素添加しない綿実油とを単に混合したものと，最初から選択的水素添加により混合油と同じヨウ素価（不飽和度を示す特数）まで下げたものを比較してみると，表-23 で明らかな

表-23　水素添加綿実油の C_{18} 脂肪酸組成[4)]

	ヨウ素価	C_{18} 脂肪酸（%）		
		$C_{18:2}$	$C_{18:1}$	$C_{18:0}$
(a)　元の油脂	108.4	44	29	1
(b)　選択的水素添加油	63.1	1	67	6
(c)　水素添加硬化油	17.8	—	21	53
(d)　(a)＋(c) 等量混合油	63.1	22	25	27

ように，ヨウ素価は同じであるのに（b）と（d）の脂肪酸組成は大きく違っていて，（b）は C_{18} 脂肪酸の主体が $C_{18:1}$ であるが，（d）は $C_{18:2}$，$C_{18:1}$，$C_{18:0}$ がほぼ同じ割合で存在している．したがって，両者の物理的，化学的性質にも大差があり，特に $C_{18:2}$ の少ない（b）は，（d）よりも酸化安定性が大きい．

表-24 は大豆油について，選択的水素添加と非選択的水素添加を比較したものである．この条件ではどちらも固体脂に変えられているが，選択的水素添加油の方が融点が低く軟らかく，しかも酸化に対しては非選択的水素添加油の 8 倍も安定であることを示している．

選択的水素添加も含めて，油脂の工業的水素添加に当たっての問題点は，生成物のなかに，二重結合 1 個の脂肪酸の各種異性体（イソオレイン酸）が含まれていることである．なかでも，トランス異性体が増えると融点が高くなって食用固体脂の物性，食感を悪くするので好ましくない．また，2003 年に WHO/FAO ではトランス脂肪酸の過剰摂取は心筋梗塞や狭心症のような虚血性心疾患や認知機

表-24　大豆油の選択的水素添加と非選択的水素添加による性状の比較

		選択的水素添加油	非選択的水素添加油
AOM 試験による酸化安定性（時間）		240	31
稠度*1（軟らかさ）の比		70	30
融点（毛管法，℃）		39	55
水添条件	温　度（℃）	177	121
	圧　力（psi）*2	5	50
	ニッケル触媒（%）	0.05	0.05

＊1　固体脂の軟らかさ（硬さ）を稠度（ちょうど）という．針入度試験がよく用いられる．これは，一定の重さと形をもった金属製の円錐，針，木製の針などを一定の高さから試料の表面に落として試料内部に突き刺さった深さを計る．

＊2　1 psi ≒ 6.9 kPa

能の低下などのリスクを指摘し，摂取量を全カロリー（エネルギー）の1%未満にするよう勧告している．なお，我が国の食品安全委員会の調査報告では，平均的な食生活を営んでいる日本人が1日に摂取するトランス脂肪酸は男性が全カロリーの0.30%，女性が0.33%と見積もっているが，脂質に偏った食事をしている人は健康への影響に留意する必要がある．このようなトランス脂肪酸に対する状況から，油脂の工業的水素添加に当たっては選択性を最大に発揮させて，トランス脂肪酸の生成を最少におさえるように，触媒の種類，温度，圧力，攪拌などを加減して行われている．しかし，一般に選択性とイソオレイン酸の生成は平行して増減するので，目的の達成は容易ではない．なお，トランス脂肪酸の生成を防ぐ手段として，前節で紹介したリパーゼを用いた酵素的エステル交換法も近年導入されている．

6.　熱　重　合

6.1　多価不飽和酸を主構成脂肪酸とする油脂の加熱による変化

ジエン酸やトリエン酸を主構成脂肪酸とする油脂を250～300℃に長時間加熱すると，いろいろの変化が現れる．例えば，アマニ油を約300℃で数時間，空気中で加熱すると，次第に粘性を増し，最後には水アメのような粘稠・透明な液体になる．元のアマニ油と比較してみると，加熱により比重，屈折率，平均分子量が増え，ヨウ素価が極端に減っていることがわかる．これら分析値の変化から，二重結合が消失して，その代わりにトリアシルグリセリン分子の形が大きくなったこと，言いかえれば2分子のトリアシルグリセリンの二重結合部分の間で橋かけの結合ができて，分子が大きくなったことが推察される．このような変化を“重合”とよび，加熱によりその変化が促進された場合を，熱重合という．重合が進む途中の変化として，共役二重結合とトランス型二重結合の増加がみられる．

アマニ油と同様の熱重合は，リノール酸の多い植物油でも起こるが，重合の速度はアマニ油よりも遅い．しかし，共役トリエン酸を主構成脂肪酸とするキリ油では，熱重合はすこぶる速く起こり，数分間で褐色・透明なゴム状物になってしまう．

6.2　重合に伴う生成物

重合によるトリアシルグリセリン分子の化学変化については，未だに不明の点が多いが，目下のところは次の3つの変化が考えられている．

1)　熱異性化によって生成した脂肪酸の共役二重結合部分と，別の脂肪酸の二重結合部とが反応してディールス・アルダー型の環状化合物を作る．このように2個の脂肪酸分子が結合したものを二量体（ダイマー）という．この場合は環状二量体が作られる．

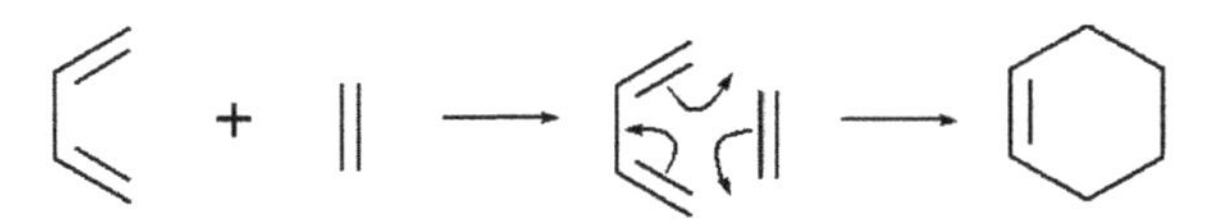

共役ジエン　親ジエン化合物　　　　　シクロヘキセン環化合物

2)　飽和結合同士の間でも橋かけ重合が起こり，二量体が作られる．中間にラジカルの生成過程を経るが，ラジカルについては自動酸化の項（VI，7.，94～103ページ）を参照されたい．

$$2\mathrm{R{-}CH_2{-}R'} \xrightarrow{-\mathrm{H}\cdot/\text{熱・光}} 2\mathrm{R{-}CH\cdot{-}R'} \longrightarrow \begin{array}{c}\mathrm{R{-}CH{-}R'}\\ |\\ \mathrm{R{-}CH{-}R'}\end{array}$$

3)　飽和結合と二重結合の間で，橋かけ重合が起こり，二量体が作られる．

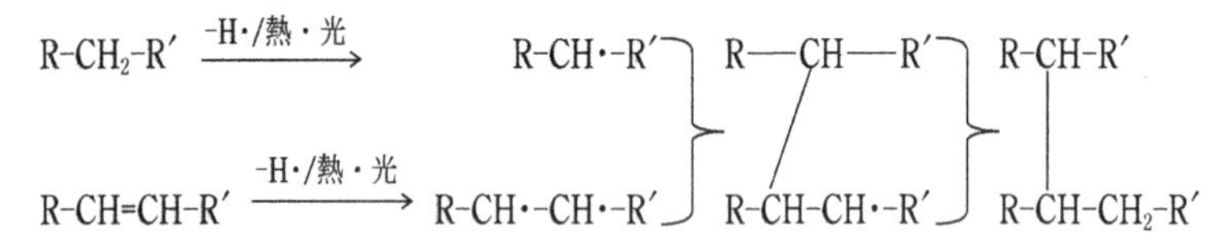

6.3　トリアシルグリセリンの熱重合

トリアシルグリセリンはその分子内に3個のアシル基をもっている．これらのアシル基は加熱によりまず二重結合が移動して共役結合系を作り，他のアシル基と結合するとき，橋かけ（架橋）が同じトリアシルグリセリン分子のなかで起こる場合と，別のトリアシルグリセリン分子との間で起こる場合が考えられる．前者は分子内反応であるから，分子の大きさは変わらない．後者は分子間反応であり，トリアシルグリセリンの二量体が作られる．

重合の初期には粘度の増加は少ないので，この時期には主として分子内での結合が起こり，後期にはトリアシルグリセリン分子間の結合による二量体が作られて粘度が急激に上昇するとの考え方もある．いずれにせよ熱重合の途中では前記3種の反応が次々に起こり，最後には複雑な環状化合物や巨大分子の化合物が作られて，ゴム状になる．

$CH_2OCOCH_2\cdots\text{-}CH\text{=}CH\text{-}CH_2\text{-}CH_2\text{-}CH_2\text{-}$
$CHOCOCH_2\text{-}\cdots\text{-}CH\text{=}CH\text{-}CH_2\text{-}CH\text{=}CH\text{-}$
$CH_2OCOCH_2\text{-}\cdots\text{-}CH\text{=}CH\text{-}CH_2\text{-}CH\text{=}CH\text{-}$

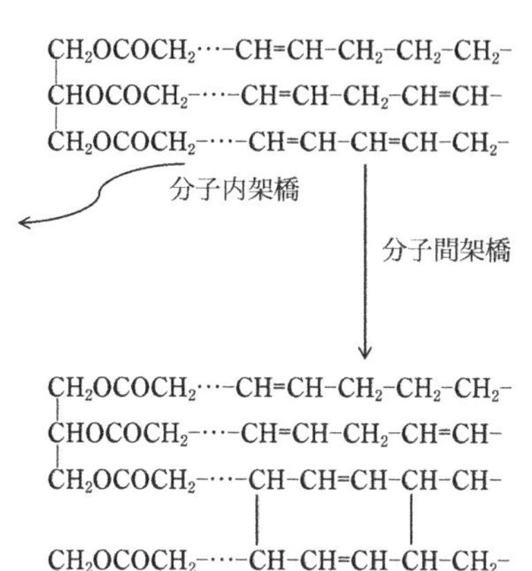

$CH_2OCOCH_2\ \cdots\text{-}CH\text{=}CH\text{-}CH_2\text{-}CH_2\text{-}CH_2\text{-}$
$CH_2OCOCH\text{-}\ \cdots\text{-}CH\text{-}CH\text{=}CH\text{-}CH\text{=}CH\text{-}$
$CH_2OCOCH_2\text{-}\cdots\text{-}CH\text{-}CH\text{=}CH\text{-}CH\text{=}CH\text{-}$

天ぷらのように油脂を用いて揚げ物を行う場合にも，一種の熱重合が起こっている．ただし，揚げ物の場合は油脂の加熱温度が160～180℃で比較的低く，加熱時間も短いから重合の進み方がゆるやかで，目に見えるほど急激な変化は起こらないが，数回揚げ物を繰り返した油脂を詳細に分析してみると，粘度の上昇，屈折率の上昇，ヨウ素価の低下が認められ，若干の二量体が生成する．そして，揚げ油の熱重合がかなり進むと，タネ物を投入した時に油脂の表面に黄色の細かい消えにくい泡（カニ泡）が一面に発生してくる．いわゆる油の“つかれ”である．食用揚げ油の場合，栄養的には熱重合の程度が問題であって，長時間繰り返して使用し肉眼的にも明らかに粘度の増加が認められるような油脂は，人体に有害な環状化合物が作られている恐れもあり，また揚げ物の風味も悪くなるから使用を避けるべきである（IX，4.，170ページ参照）．

7. 自　動　酸　化

7.1　油脂の“戻り臭”と酸敗

工場で製造されて日も浅い食用油脂を空気にさらして放置しておくと，なかには数日以内にいやな臭いと味に変わることがある．酸敗に先立って発生するこの現象を“戻り臭”と言う．この不快な戻り臭は，不飽和度の高い油脂には頻繁に認められ，大豆油では初めは弱い豆臭から始まり，時間の経過とともに乾草のような臭い，なまぐさい臭い，ペンキのような臭いなどに変化する．

戻り臭は，すべての油脂に共通して現れるものではなく，油の種類により戻りやすい油と戻りにくい油がある．一般に，大豆油，アマニ油，魚油，鯨油など多価不飽和脂肪酸を主構成脂肪酸とする油脂は，製造方法あるいは保存法が適当でない場合に戻り臭を発生しやすいとされている．

戻り臭の大きな特徴は，新鮮な食用油脂に短時間で現れることであるが，これに対して，油脂を空気中に長い月日放置しておくと，戻り臭とは異なる酸っぱい刺激性の臭気を発生するようになる．これを油脂の“酸敗”と言い，酸敗は程度の差はあるがすべての油脂に共通して現れる．戻り臭と酸敗を比較すると表-25のようにいろいろの点で相違がある．

戻り臭も酸敗も，共に油脂を常温で空気の存在する状態で保存した時に起こる変化であって，空気中の酸素が重要な役割を果たしている．このように空気中の酸素(正確には分子状酸素)と油脂とが反応して起こる変化を油脂の自動酸化と言う．自動という用語は，油脂と酸素が反応して最初に作られた生成物自身が触媒的に働いて，

表-25 戻り臭と酸敗の現象的比較

	戻 り 臭	酸 敗
油 種	大豆油，アマニ油，魚油などに強く発生	一般動植物油脂に発生
発生時期	自動酸化の初期段階，酸敗に先行	戻り臭の発生後に発生
発生速度	非常に速い	遅い
必要酸素量	きわめて少量	比較的多量
臭いの種類	数種類の不快臭	酸っぱい刺激臭
油脂の過酸化物価	2meq/kg 以下でも発生	10～20meq/kg 以上で発生
油脂の一般化学分析値の変化	なし	あり
酸化防止剤の効果	無効	有効

次の酸化を促進し，これを繰り返しながら次第に酸化の速度が速くなることから名づけられたものである.

油脂の自動酸化に伴う現象として風味の劣化のほかに，油脂の保存中の着色がある．大豆油，コメ油，トウモロコシ油などは，特に保存中の着色が強く，この現象を著者らは“臭気の戻り”に対して，“色の戻り”とよんでいる．色の戻りの直接の原因物質は，植物油に含まれる天然の酸化防止物質であるトコフェロールの酸化生成物であるトコフェロキシキノンや油脂の酸化重合物などが関与しているものとみられる.

7.2 自動酸化の第一次生成物

油脂と空気中の酸素の反応は，言いかえれば油脂を構成する不飽和脂肪酸と酸素との反応である．さらに正確に言えば，不飽和脂肪酸の二重結合に隣接するメチレン基（$-CH_2-$）の炭素と酸素が反応するのである．酸素と反応してできたものを過酸化物（ペルオキシド）と言い，油脂の自動酸化にあたって最初に生成する主要な過酸化物（第一次生成物）はヒドロペルオキシドである．その構造は次のように，酸素と水素が-OOHの形でアシル基に結合している．

$$\cdots\text{-}CH_2\text{-}CH\text{=}CH\text{-}CH_2\text{-}\cdots \xrightarrow{\text{熱/光}} \cdots\text{-}CH_2\text{-}CH\text{=}CH\text{-}\dot{C}H\text{-}\cdots$$

不飽和アシル基の一部　　　　不飽和アシルラジカル

$$\xrightarrow[O_2]{} \cdots\text{-}CH_2\text{-}CH\text{=}CH\text{-}\underset{\displaystyle OOH}{\underset{|}{CH}}\text{-}\cdots$$

ヒドロペルオキシド

ヒドロペルオキシ基（-OOH）は，二重結合に隣接するメチレン基の炭素に結合しているから，ジビニルメタン構造を多くもつ不飽和度の高いトリアシルグリセリンほど速く自動酸化が進行する．しかし，飽和脂肪酸のみのトリアシルグリセリンでも，カルボキシ基に隣接するα炭素にヒドロペルオキシドが生成することが知られており，その速度は極端に遅いが，ゆっくり自動酸化する．

自動酸化の速さは，油脂自体の不飽和度のほかにいろいろの物質や周囲の条件によって左右される．銅，鉄などの金属はごく微量で自動酸化を著しく促進する．太陽光線はむろんのこと，紫外線でも赤外線でもすべての光線は強力に自動酸化を促進するから，透明のガラスやプラスチックなどの容器に入れた油の取り扱いは注意を要する．

また，自動酸化の速さに対する温度の影響も大きいから，油脂を保存する場合はできるだけ低温に保つことが望ましい．冬期，0℃以下の気温が続くと液体油が凍結して白色に固まることがあるが，このような状態は自動酸化を防ぐ意味では，はなはだ好ましいといえる．一方，ごくわずかの量を油脂に加えると，自動酸化の進み方を著しく遅らせる作用を持った物質が多数知られている．これらは一般に，酸化防止剤とよばれ，食用油脂においては重要である．

ここで注意を要することは，第一次生成物であるヒドロペルオキシドそのものは，不快な戻り臭や刺激臭とは関係がない．酸化が進むとヒドロペルオキシドはさらに変化して，多種類の化合物が二次的に作られるが，戻り臭や酸敗臭はこれら第二次生成物が原因となる．

自動酸化の第一次生成物であるヒドロペルオキシドの生成機構は，混合トリアシルグリセリンの場合，はなはだ複雑であるが，自動酸化反応の基本は油脂の構成脂肪酸部分の反応であるから，主な不飽和脂肪酸について述べることにする．

オレイン酸（メチルエステル）の自動酸化　オレイン酸は二重結合が1個（9-*cis*-$C_{18:1}$）であるから，常温では自動酸化に非常に時間がかかり，ヒドロペルオキシドが生成するまでに長い準備期間（誘導期）を要する．しかし，光線を当てたり，温度を上げることにより自動酸化が促進される．

一般に，脂肪酸の自動酸化の開始はフリーラジカル（遊離基）の生成である．フリーラジカルとは，アシル基に結合している水素のうちの1個が水素ラジカル（H･）として引き抜かれた状態をいう．すなわち，その部分では炭素の4本の結合手の1本が空いたままの状態である．これは，きわめて不安定な形であるから，フリーラジカルは直ちに別の原子あるいは原子団と結合して安定な形に戻ろうとする．オレイン酸の場合は，図-30のように，まず二重結合を中心とするC8位またはC11位の炭素に結合している水素から水素ラ

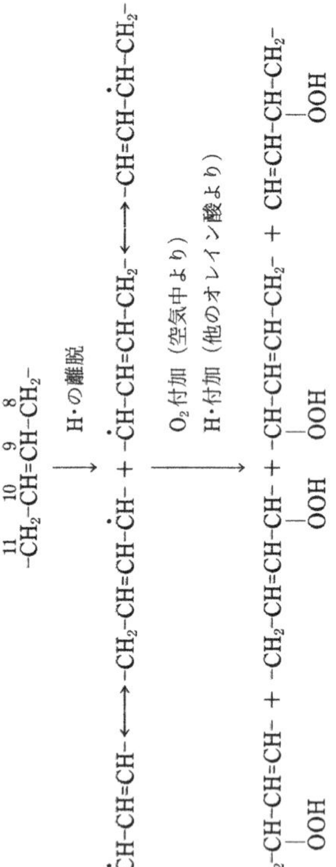

$$\overset{11}{-CH_2}-\overset{10}{CH}=\overset{9}{CH}-\overset{8}{CH_2}-$$

↓ H・の離脱

$$-CH_2-\dot{C}H-CH=CH- \longleftrightarrow -CH_2-CH=CH-\dot{C}H- \; + \; -\dot{C}H-CH=CH-CH_2- \longleftrightarrow -CH=CH-\dot{C}H-CH_2-$$

↓ O_2 付加（空気中より）
H・付加（他のオレイン酸より）

$$\underset{OOH}{-CH_2-\underset{|}{C}H-CH=CH-} \; + \; -CH_2-CH=CH-\underset{OOH}{\underset{|}{C}H}- \; + \; -\underset{OOH}{\underset{|}{C}H}-CH=CH-CH_2- \; + \; CH=CH-\underset{OOH}{\underset{|}{C}H}-CH_2-$$

図-30 オレイン酸メチルの自動酸化反応[3]

$$\overset{13}{-CH}=\overset{12}{CH}-\overset{11}{CH_2}-\overset{10}{CH}=\overset{9}{CH}-$$

↓ H・離脱

$$-\dot{C}H-CH=CH-CH=CH- \longleftrightarrow -CH=CH-\dot{C}H-CH=CH- \longleftrightarrow -CH=CH-CH=CH-\dot{C}H-$$

↓ O_2付加
H・付加

$$-\underset{OOH}{\underset{|}{C}H}-CH=CH-CH=CH- \qquad -CH=CH-CH=CH-\underset{OOH}{\underset{|}{C}H}-$$

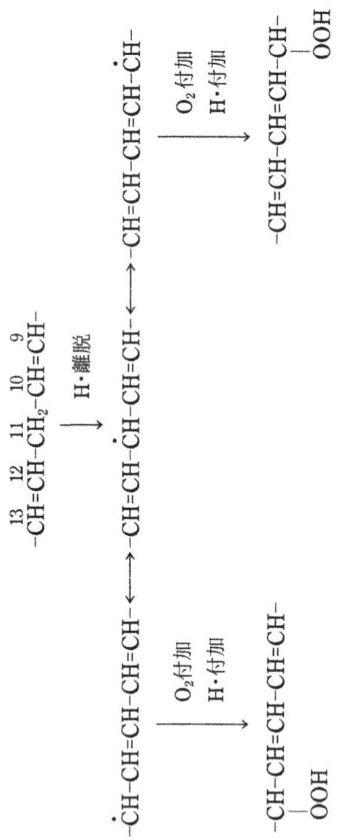

図-31 リノール酸メチルの自動酸化反応[3]

ジカル（H・）が1個離脱して2種のラジカル異性体の混合物が作られる．この時，一部に二重結合の移動が起こり，C9位，C10位の炭素にもラジカルが生成するため，合計4種のラジカル異性体が生成する．このラジカルに空気中の酸素分子 O_2 がすばやく付加してペルオキシラジカルが生成し，さらに他のオレイン酸分子から引き抜かれたH・も同時に付加して,4種類のヒドロペルオキシドが生成する．この4種はほぼ等量で，いずれもトランス型である．

リノール酸（メチルエステル）の自動酸化　オレイン酸エステルに比べるとリノール酸（9-*cis*, 12-*cis*-$C_{18:2}$）エステルの酸化は12〜20倍の速さで起こり，したがって誘導期もきわめて短い．この理由は，C11位のメチレン基（$-CH_2-$）が二重結合の間にはさまれているため反応しやすいからであり，C11位のメチレン基のH・の離脱から始まり，ラジカルのC9位あるいはC13位への転位後に O_2 とH・の付加をへて図-31のように，2種のヒドロペルオキシド混合物（9-OOHと13-OOH）が作られる．これらは共役ジエン酸で，常温酸化の場合は二重結合がトランス・トランス型である．

α-リノレン酸（メチルエステル）の自動酸化　α-リノレン酸（9-*cis*, 12-*cis*, 15-*cis*-$C_{18:3}$）エステルはリノール酸エステルよりもさらに速く酸化される．そして，ヒドロペルオキシドの生成と同時に第二次的な反応が迅速に起こるので，第一次生成物をつかまえることは容易ではないが，基本的にはオレイン酸やリノール酸と同じ経過をたどる．そして，C11位とC14位のメチレン基がそれぞれ二重結合にはさまれているから，その箇所でH・の離脱から始まり，図-32のように第一次生成物として4種のトリエンヒドロペルオキシドが作られる．

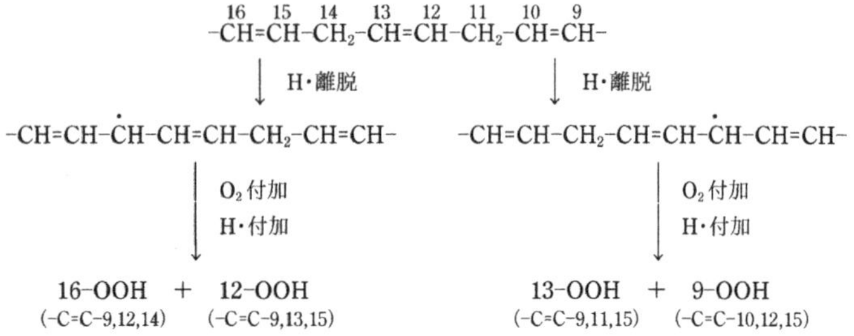

16　15　14　13　12　11　10　9
$-CH=CH-CH_2-CH=CH-CH_2-CH=CH-$

↓ H・離脱　　　　↓ H・離脱

$-CH=CH-\dot{C}H-CH=CH-CH_2-CH=CH-$　　　$-CH=CH-CH_2-CH=CH-\dot{C}H-CH=CH-$

↓ O_2 付加 H・付加　　　　↓ O_2 付加 H・付加

16-OOH ＋ 12-OOH　　　13-OOH ＋ 9-OOH
(-C=C-9,12,14)　(-C=C-9,13,15)　　(-C=C-9,11,15)　(-C=C-10,12,15)

図-32　α-リノレン酸メチルの自動酸化反応[3)]

7.3　自動酸化の第二次生成物

第一次生成物のヒドロペルオキシドは，他のものと反応しやすい不安定な物質であるから，生成すると同時にさらに変化して，複雑な多種多様の第二次生成物へと移行する．この移行には2つのコースがあり，ヒドロペルオキシドが二量体をへてさらに大きな分子に重合する場合と，炭化水素鎖が切れて短い分子へ分解する場合に分けられる．食用油脂として重要なのは，ヒドロペルオキシドの分解生成物である．

分解生成物を大きく分けると，第1のグループは自動酸化の終わり頃に現れる中鎖・短鎖カルボン酸化合物（カルボキシ基をもった化合物）であり，第2のグループはカルボニル化合物（カルボニル基，アルデヒド基を持つ化合物）で，カルボニル化合物の生成量は比較的少ないが，強い臭気を発し油脂の風味劣化の原因となるから重要である．

中鎖・短鎖カルボン酸化合物は酸敗臭の母体で，酸敗の進んだ油脂では20%以上も含まれ，酸化の途中段階ではC_6～C_{12}のカルボン酸であるが，終わりになるとさらに短鎖になり，ギ酸，酢酸，二酸化炭素も生成する．

カルボニル化合物は主として飽和，不飽和のアルデヒドやケトン類であり，その他に，アルコール，炭化水素も同時に生成する．これら分解生成物の多くは揮発性で，油脂の戻り臭と密接な関係があり，例えばこれまでの研究では，戻り臭を発生している大豆油（酸敗には至らないもの）の揮発性臭気成分の中から合計71種の化合物が見出されているが，これら戻り臭を呈する揮発性物質は，大豆油の構成脂肪酸であるリノール酸やα-リノレン酸から作られると考えられており，2-ペンテニルフランがその主たる物質であると報告されている．

7.4 ラジカル連鎖機構

油脂の自動酸化とは，油脂を常温で空気中に放置しておくと自然に起こる酸化現象である．その反応は主にラジカル連鎖反応によって進行し，次のようにまとめられる．

1) 開始反応

油脂の自動酸化はフリーラジカルの生成から始まる．最初のフリーラジカルが作られる機構は，十分にはわかっていないが，光がまったく遮断されている状態では，熱や金属触媒などの刺激により二重結合に隣接するメチレン基（$-CH_2-$）から水素ラジカルが引き抜かれてフリーラジカルが作られる．一方，油脂が近紫外部や可視部の光線にさらされたときには，油脂に溶けている微量のクロロフィル，その分解物，ヘモグロビンなどの天然の色素物質が仲介となって光増感反応が起こり，自動酸化が開始される．このような光線の刺激による酸化の開始に当たっては，フリーラジカルは現れず，代わりに活性酸素（一重項酸素やスーパーオキシドラジカルなど）が作られ，これが不飽和結合と反応して直接ヒドロペルオキシドが生成する．そして，活性酸素は色素物質に吸収された光エネルギーが酸素を刺激した結果，作り出されると考えられている．

活性酸素の直接付加により生成したヒドロペルオキシドは容易にフリーラジカルとなり，次の反応に進む．また，すでに始めから微量でもヒドロペルオキシドが存在する時は，それからも水素ラジカルが引き抜かれてラジカルになる．

2)　成長反応

開始反応で生成したフリーラジカルに空気中の酸素が結合してペルオキシラジカルとなり，このペルオキシラジカルが，他の油脂分子種のアシル基から水素ラジカルを引き抜いて付加し，ヒドロペルオキシドになる．一方，水素ラジカルを引き抜かれたアシル基は新しいラジカルとなって，同じ反応を繰り返しヒドロペルオキシドになる．このような連鎖反応を繰り返すことにより，次々に不飽和油脂はヒドロペルオキシドに変わってゆく．

3)　停止反応

このようにしてヒドロペルオキシドが次第に蓄積され，未変化の不飽和油脂が減ってくると，ラジカル同士が結合して安定な非ラジカル性の化合物となり連鎖が停止する．そして生成物は，第二次的な酸化へと移行する．

これらの経過を図示すると図–33 のとおりである．なお，図中の LH は未酸化の油脂や脂肪酸などを包含する脂質（lipid）を略記しており，H は脂質のアシル基に結合している水素を表わす．

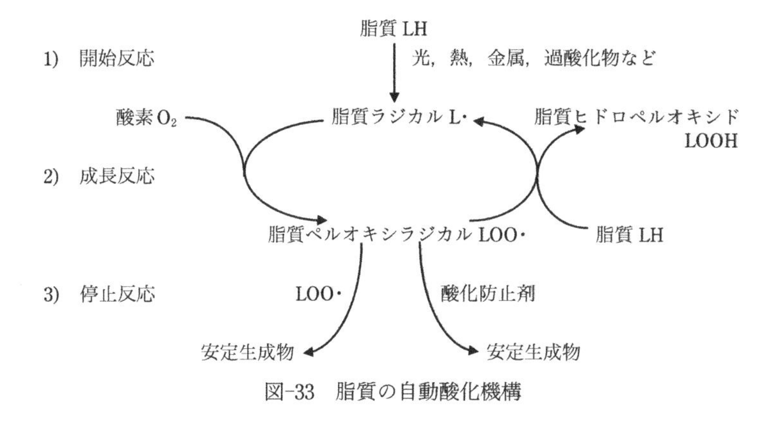

図-33 脂質の自動酸化機構

8. 酸化防止と酸化防止剤

8.1 酸化促進因子

油脂の自動酸化は食用油脂のみならず，工業用油脂においても好ましくない現象であり，これを防止することは切実な問題である．油脂の自動酸化は，空気の存在するかぎり必ず起こるが，その進行の速さは油脂の不飽和度，外的条件，微量物質の共存などにより著しく影響をうける．酸化を促進する因子を検討し，それを取り除くことにより，かなり酸化を遅らせ実用的に油脂の保存性を高めることができる．このような酸化促進因子をあげると次のものがある．

空気 促進因子ではなく，自動酸化に必須の因子であるから，これを除くことは最も有効である．この目的に，油脂の真空包装，窒素ガス充填包装などが試みられているが，きわめてわずかの酸素量でも酸化は起こるから，最初から油脂に溶けている僅少の酸素を抜き取った上で行わないと効果がない．この方法は，包装の封を切るまでの期間の防止策である．現在，市場に出回っているペットボトルなどの油脂用プラスチック容器は，使い勝手はよいが気密性や耐光性に劣り，保存安定性が悪いため，短時日に消費する場合はよいが，長期保存には向かない．それ故，最近は樹脂を多層成型したガスバリアー性に優れたプラスチック容器が使われるようになっている．

熱　高温になるほど，自動酸化の速度が大となる．油脂は冷蔵庫に保存することにより，風味の劣化を遅らせることができる．

光線　直射日光は著しい酸化促進効果を示し，直射でない散乱光や蛍光灯の光線も，戻り臭の発現を促進する．紫外線はその作用が最も強い．油脂の光線による自動酸化は風味に関係するため食用油脂において特に問題であるが，その機構に特異性があり（VI，7.，101～102 ページ），通常の自動酸化とは区別して考えた方がよい．しかし，ブリキ缶のような光線を遮断する容器では，その作用を完全に防ぐことができる．プラスチック容器は光線透過性の面においても，長期保存には適さない．

有機金属化合物　動物体の血色素（ヘモグロビン）や植物体の葉緑素（クロロフィル）のように分子中に金属原子をもつ化合物や，その分解物（光増感剤）は強く自動酸化を促進し，とりわけ光線が当たっている状態下の酸化においてその作用が顕著である．油脂製造の過程において，これらは完全に除く必要がある．

微量金属　銅と鉄の促進効果が大きい．大豆油の戻り臭に対して，鉄は 0.1ppm（1ppm は 100 万分の 1 の濃度），銅は 0.01ppm でも有害であるとの実験結果がある．鉄についでコバルト，クロムが有害であり，アルミニウムやスズはほとんど影響がない．これらの金属は微量ではあるが，天然の油脂には必ず含まれているから，精製の工程で完全に除去することが望ましい．

以上の因子が酸化を促進する機構については不明の点が多い．しかし，これらの因子がヒドロペルオキシドの分解を促進してラジカルの生成を促し，連鎖の進行を速めることは確かである．また，ある因子は直接，未酸化油脂のアシル基に作用して水素ラジカルの脱離を促し，連鎖反応の開始にも関係する．

8.2 酸化防止剤

酸化促進因子とは逆に，わずかの量で自動酸化を遅らせる物質がある．これらを総称して酸化防止剤（抗酸化剤）という．油脂類の酸化防止をするための基本的な対策として次のような方法が考えられる．

1) 酸素の存在量の低減……………………真空包装，窒素充填
2) 光・熱・放射線エネルギーの遮断……包装の工夫，低温保存
3) 光増感剤の作用の抑制…………………精製による除去
4) 金属の触媒作用の抑制…………………金属不活性剤の使用
5) ラジカル連鎖反応の停止………………酸化防止剤の使用

油脂の自動酸化を防止するために利用される酸化防止剤を分類すると，次の4種類になる．

① 自動酸化の連鎖反応を抑制するラジカル阻害剤
② 鉄や銅などの金属の触媒作用を不活性化する金属不活性剤
③ 過酸化物をラジカルでない化合物に分解する過酸化物分解剤
④ ラジカル阻害剤の作用を高める相乗剤（シナージスト）

また，食品用の酸化防止剤として利用できる条件は，①低濃度で

有効であること，②酸化防止剤およびその反応生成物が無害であること，③異味異臭を与えないこと，④原料油脂および加工食品にも有効であること，⑤食品中の分析が可能であること，⑥使用可能な価格であること，などがあげられる．

天然酸化防止剤　動植物の組織中には，天然の酸化防止物質が含まれている．例えば，動植物体に広く分布するトコフェロール（ビタミンE）やアスコルビン酸（ビタミンC），ゴマ種子に含まれるセサモール，植物の黄色色素フラボン類などである．また，アミノ酸のなかにも酸化防止能の強いものがあり，食品中でアミノ酸と糖類とが反応して生じた物質（メイラード反応物）や香辛料（スパイス類）も酸化防止作用を持っている．これら天然酸化防止物質のうち，

表-26　粗油の総トコフェロール量

	油　脂	総トコフェロール量(mg/100g)
動物脂	豚　脂	0.5～2.9
	牛　脂	1.0
	牛乳脂肪	2.0～4.0
植物油	大豆油	87.0～133.1
	綿実油	83.5～96.2
	トウモロコシ油	84.1～147.5
	ナタネ油	51.5～74.8
	ヒマワリ油	51.3～73.9
	コメ油	41.0～56.5
	サフラワー油	44.9～54.1
	パーム油	13.1～19.0
	パーム核油	0.1～0.6
	ヤシ油	0.3～2.5
	ゴマ油	38.8～49.2
	ラッカセイ油	19.9
	オリーブ油	6.9～18.8

注）植物油脂の値は，松本ら，油化学，**32**, 122（1983）

トコフェロール，セサモールなどは油脂に溶けるから，動植物原料から取り出した油脂のなかに自然に溶けこんでいる．表-26は粗油(精製前の油脂)中に含まれる天然のトコフェロール量を示したものであるが，一般に動物脂には天然酸化防止物質が少なく，植物油に多い．

また，植物油の中でもパーム油やヤシ油など熱帯産油脂は，トコフェロール含量が低い．すなわち，酸化に対する抵抗力が大きい飽和脂肪酸を構成脂肪酸として多量に含む動物脂や熱帯産植物油脂ではトコフェロールが少なく，酸化に対し不安定な不飽和脂肪酸を主成分とする植物油には，トコフェロールが多量に共存している．天の配剤の妙といえよう．

トコフェロールにはα，β，γ，δ体の4種の同族体があるが，生物の体内における酸化防止作用を主とする生物活性（ビタミンE活性）はα体が最も高く，γ体，δ体は低い．

合成酸化防止剤　天然物でなく，化学的に合成した化合物のなかにも，酸化防止能を持つものが多数報告されている．しかし，実際に油脂または油脂含有食品に使用する場合は，第1に人体への安全性を考える必要があり，また油脂を変色させたり，不快な臭いや味を発生するものは使えない．化学的合成品で，生理的に完全に無害なものはきわめてまれであるが，摂取量が少なければ運用してもまず差し支えないと考えられる合成品が数種あり，これら合成酸化防止剤を食用油脂に添加することに対して，諸外国では法規によるきびしい規制のもとに使用を許可しているが，我が国の食用油脂には製造業者が自主規制して添加していない．これは最近，食品添加物の人体への毒性・安全性の問題が大きく取り上げられており，添加

表-27 我が国で食品衛生法により油脂に添加することを許可されている酸化防止剤

分類	品名	対象食品	使用量限度	使用制限
酸化防止剤	グアヤク脂	油脂，バター	1g/kg	
	ジブチルヒドロキシトルエン（BHT）	魚介冷凍品（生食用冷凍鮮魚介類及び生食用冷凍かきを除く），鯨冷凍品（生食用鯨冷凍品を除く） 油脂，バター，魚介乾製品，魚介塩蔵品，乾燥裏ごしいも チューインガム	1g/kg（浸漬液に対して） 0.2g/kg 0.75g/kg	
	dl-α-トコフェロール（ビタミンE）			酸化防止の目的以外の使用不可．ただし，β-カロチン，ビタミンA，ビタミンA脂肪酸エステル，及び流動パラフィンの製剤中に含まれる場合はこの限りではない．
	ブチルヒドロキシアニソール（BHA）	BHTと同じ（チューインガムを除く）	同左	BHTと併用するときはその合計量
	没食子酸プロピル	油脂 バター	0.2g/kg 0.1g/kg	
	クエン酸イソプロピル	油脂，バター	クエン酸モノイソプロピルとして0.1g/kg	
	L-アスコルビン酸 L-アスコルビン酸ステアリン酸エステル L-アスコルビン酸パルミチン酸エステル L-アスコルビン酸ナトリウム			
	エリソルビン酸 エリソルビン酸ナトリウム			
	エチレンジアミン四酢酸塩（EDTA）			
酸味料	クエン酸			

注 1） 本表は 2014 年 8 月現在のもの，2） 分類は食品衛生法における用途別分類．

物の乱用は慎むべきであるという風潮による.

我が国では，食品衛生法により食品添加物のうち油脂の酸化防止剤として，表-27 の品目が許可されており，その多くに使用基準が定められている．表-27 に示したように，食品衛生法では酸化防止剤以外の用途に分類されているが，油脂に添加すると強い酸化防止能を発揮する物質がある．例えばクエン酸，アスコルビン酸などであり，これらは金属捕捉剤（キレート剤)，相乗剤あるいは還元剤として酸化防止機構に関与している.

最近は食品の天然物志向から，食品添加物の使用は必要最低限に止める傾向にあり，業務用途は別として，日本農林規格では家庭用の食用植物油脂については「食品添加物として α-トコフェロール(酸化防止剤または強化剤）以外のものを使用していないこと」と定めている.

8.3 酸化防止機構

油脂の自動酸化曲線　油脂の自動酸化の程度を知るための分析法は数多くあるが，最も広く使われる方法はヒドロペルオキシドの量を測定する方法であり，この値を過酸化物価（Peroxide Value；略称は PV または POV）とよぶ（Ⅶ，2.6，128〜129 ページ参照).

不純物を含まない油脂を 100℃以下の温度で放置しておくと，ヒドロペルオキシドが次第に蓄積される．一定時間ごとに過酸化物価を測定してみると，図-34 のような曲線を描くのが普通である．最初は過酸化物の蓄積は少なく，ある時間が経過すると急激に過酸化物価が増加する．自動酸化開始初期における曲線の平担な時期は，自動酸化のラジカル連鎖反応が始まるまでの準備期間とも考えられ,

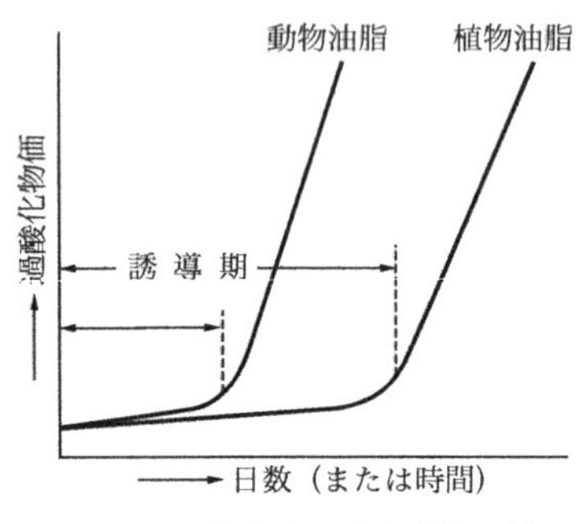

図-34　天然油脂の自動酸化曲線

連鎖開始に必要なフリーラジカルが蓄積される時期であって，これを，誘導期と名づける．図-34のように動物油脂は誘導期が短く，植物油脂は長い傾向があるが，これは天然酸化防止剤含量の相違によるものと説明されている．

誘導期を過ぎると活発に連鎖反応が進行し，ヒドロペルオキシドが急速に蓄積される．十分に精製され，自動酸化していない油脂の過酸化物価は1meq/kg以下の数値であるが，誘導期が終わるときの過酸化物価は油脂の種類，酸化防止剤の有無，酸化条件などにより一定しない．しかし，常識的には過酸化物価20meq/kg以上の油脂は，すでに誘導期を過ぎたものと考えて差し支えない．

酸化防止剤　酸化防止剤の使用は油脂の自動酸化の誘導期を延長することにあり，実用的には食用油脂および油脂含有食品の酸敗を遅らせて，保存性を向上させることにある．ただし，現在実用化されている酸化防止剤では戻り臭までおさえることはできない．図-35は，加温して酸化促進試験を行った豚脂に2, 3の酸化防止剤を用いた時の自動酸化曲線である．酸化防止剤無添加の誘導期は約5時間であるが，酸化防止剤を加えると図のように，最高60時間近くまで延びている．酸化防止剤の使用に当たって，異なる酸化防止剤を組み合わせると効果が増大する場合がある．また，加える量には適当な範囲があって，それより多すぎても，少なすぎても効果が減少す

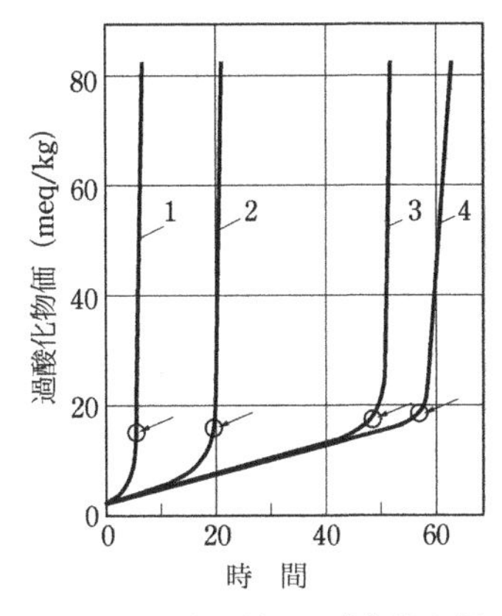

1. 無添加
2. 0.01%　L-アルコルビン酸パルミチン酸エステル
3. 0.01%　没食子酸エチル
4. 0.01%　没食子酸プロピル

図-35　豚脂に対する酸化防止剤の効果[5]（自動酸化促進試験）

る.

相乗剤（シナージスト）　それ自身は酸化防止力をもたないか, または弱いけれども, 他の酸化防止剤と併用すると, 用いた酸化防止剤の効力を増加させる性質をもつ物質があり, これを相乗剤（シナージスト）とよんでいる. リン酸, クエン酸, 酒石酸, リンゴ酸などの酸性物質は強力な相乗剤であり, アスコルビン酸は酸化防止剤と相乗剤の両方の性質を示すと考えられている. 実用的には, クエン酸が広く用いられている. 図-36は, 相乗剤の効果を示したもので, アスコルビン酸エステルとBHAを併用すると, それぞれを単独に用いた場合よりも誘導期が長くなっている.

相乗剤の作用機構については諸説があるが, 有力なものとして, これら相乗剤の多くは金属と結合してこれを不活性な形にする作用があるので, 油脂中の酸化促進因子である微量の金属類を捕捉して, これを不活性化することにより連鎖の進行を阻害するとの説が

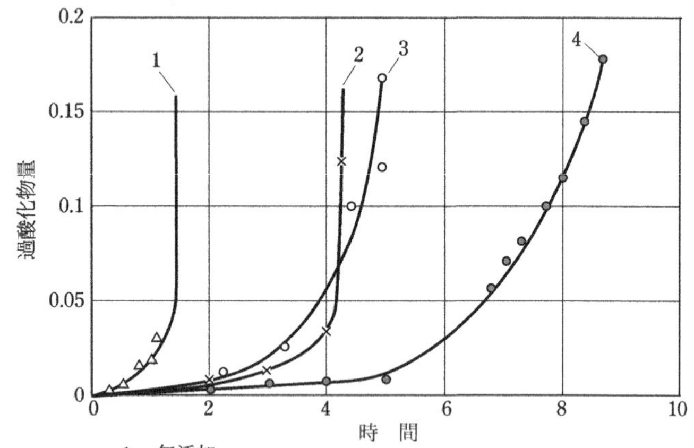

1.　無添加
2.　0.02%　L-アルコルビン酸パルミチン酸エステル
3.　0.01%　*t*-BHA
4.　(2)＋(3)併用

図-36　豚脂に対する酸化防止剤と相乗剤の効果[5]（酸化促進試験）

ある.

また，トコフェロールのようなフェノール性水酸基をもつ酸化防止剤に対してはホスファチジルエタノールアミンのような1級アミノ基をもつ化合物が有効な相乗作用を示すことが知られている．これはフェノール性水酸基から水素ラジカルが脂質ペルオキシラジカルに供与されてラジカル反応を停止すると同時に，フェノキシラジカルにアミノ基から水素ラジカルが供与されることにより，フェノキシラジカルはフェノールに戻ることによると考えられている.

酸化防止機構　自動酸化反応で酸化防止剤が存在すると，酸化防止剤はまず脂質ペルオキシラジカル LOO・と反応するものと考えられている．大多数の酸化防止剤はその分子中に離れやすい水素原子

(主にフェノール性水酸基の水素原子) を持っているから，酸化防止剤分子を AH (A は酸化防止剤 Antioxidant の A を，H は酸化防止剤からラジカルとして離れやすい水素を表わす) で示すと，AH は脂質ペルオキシラジカルに対して自身の H・ を与えてこれを安定化し，自身はフリーラジカルになる.

LOO・＋AH⟶LOOH＋A・

こうして活性な LOO・ の代わりに，A・ (酸化防止剤ラジカル) を作ることにより連鎖の進行を阻害する. A・ は連鎖反応とは関係がないから，A・ 同士が結合して二量体を作ったり，あるいは他の LOO・ と結合して安定な化合物を作る.

A・＋A・⟶A—A (二量体)

あるいは　A・＋LOO・⟶LOOA

以上の考え方とは別に，次の機構も提出されている. すなわち，AH は H・ を離さずに，いったん LOO・ と結合して新しい複合体ラジカルを作り

LOO・＋AH⟶(LOOAH)・

この複合体ラジカルは別の LOO・ と反応して，それぞれ安定な化合物に変わることにより連鎖を阻害する.

(LOOAH)・＋LOO・⟶LOOH＋LOOA

このように，酸化防止機構に関してはいろいろな考え方があるが，酸化防止剤にも化学構造的に多くのタイプがあり，タイプが違えば機構も異なることは当然考えられる. しかし，ラジカル連鎖反応の主役を果たしている脂質ペルオキシラジカル LOO・ を捕えて不活性な形に変えることにより連鎖を中断することは，いずれの説にも共通であり間違いないと思われる. ただし，光線の刺激により始まる自

動酸化（例えば戻り臭の発現など）では，開始反応においてフリーラジカルの生成がないから，通常の酸化防止剤（フリーラジカル捕捉剤）は無効である．この場合には，適切な活性酸素の消去剤を見つける必要がある．

参考資料

1) 第4版油化学便一脂質・界面活性剤一，日本油化学会編，丸善，p.454 (2001)
2) 第4版油化学便覧一脂質・界面活性剤一，日本油化学会編，丸善，p.457 (2001)
3) F.D.Gunstone, An Introduction to the Chemistry and Biochemistry of Fatty Acids and their Glycerides, Chapman & Hall, London (1967)
4) Journal of the American Oil Chemists' Society
5) N.M. Emanuel and Yu.M. Lyaskovskaya, The Inhibition of Fat Oxidation Processes, Pergamon Press, London (1967)

Ⅶ　油脂の性状を示す特数並びに分析値

油脂の性状は原料の種類によって異なり，また同じ原料でも油脂の経歴により，性状が変化する．油脂の性状を表わす分析値のうち，比重，屈折率，粘度，ヨウ素価，けん化価などは，特別な処理を加えない限り，その経歴の如何（いかん）にかかわらず原料の種類に応じて固有の値（ただし，一定値ではなくある範囲内の値）を示し，その値を測定することにより油脂の種類を大まかに推定することができる．このような，その油脂に固有の分析値を特数という．これに対し，油脂の色，発煙点，酸価，過酸化物価，不けん化物含量などは，同じ油脂でも一定でなく変化するから特数ではなく，与えられた油脂のその時点での性状を示す分析値（変数）である．

本章では，これら特数，分析値とその試験法について，その数値の意味するものを中心に解説を加える．なお，個々の油脂の一般性状，特数並びに分析方法の詳細については巻末の食用植物油脂の日本農林規格，同測定方法，並びに日本油化学会編“基準油脂分析試験法”を参照されたい．

1.　物理的測定値

1.1　香　　味

油脂の香りと味（両方を合わせて風味とも言う）は，食用油脂の生命である．油脂の香味を試験するには目下のところ，実際に油脂を口に含んで，口中で香り，味，舌ざわりなどを総合して感覚的に判定する以外に方法がない．いわゆる官能検査である．

官能検査　この検査は熟練した経験者により行われる．すなわち，あらかじめ5種の基本味（甘味，塩味，酸味，苦味，旨味）の味覚の発達した検査員（パネル，パネリスト，パネラーなどと言う）を選び，実際に各種の油脂を口に含ませてその香りと味を試す訓練を行うのである．人間の味覚は非常に鋭敏であるだけにテスト時の周囲の状況，心理状態などにより微妙な影響を受けるから，大きな試験機関では特別の官能試験室を設け，室内の温度と湿度を一定にし，外界の騒音を防いで，常に一定の環境条件を保つように配慮している．なお，官能検査の手法には，①点数をつける，②比較する，③比較して順位をつける，④好きな方を選ぶ，などがあり，目的に合った手法を選択する必要がある．

テスト結果は，採点（例えば10点満点）法，2点比較法（ある評価項目について，試料AとBを比較して客観的な差異を判断させる方法），3点比較法（同じ試料2点とそれと異なる試料1点をパネルに提示してその違いを評価させる方法），あるいは3種類以上の試料を同時に提示して刺激臭の強度や程度を順位付けさせる順位法などで，香りと味を表わす．

香味の変化　原料から採油したままの油脂（粗油）は，トリアシルグリセリン以外に遊離脂肪酸，脂肪酸の分解物，色素類，リン脂質，炭化水素などの不純物を常に含んでいるから，その香味は悪く食用には向かない．粗油の風味を食用に適するように改善することが，精製の主目的ともいえる．十分に精製され風味のよい油脂でも，保存中に悪条件が重なると自動酸化が起こって，なかには戻り臭を発生するものもあり，さらに自動酸化が極端に進むと，すべての油脂が刺激性の酸敗臭を発するようになる．

油脂の着香　オリーブ油は原油の独特の風味が好まれるので，外国では圧搾したままで精製を加えない油（バージンオイル）が，高級サラダ油として使用される．ゴマ油，ナタネ赤水，芳香ラッカセイ油などは，原料を焙煎して香りをつけた後に搾油し，精製を施さずに食用とするもので，香ばしい香りを生かした食用油である．

その他，精製を加えた後でも，綿実油，トウモロコシ（コーン）油，動物脂などは特有の風味をもっている．このような，油脂に特有の風味が何に原因するかは明らかでないが，アシルグリセリン成分以外のロウや，ステロールなどの微量の不けん化物成分が関係しているように思われる．

1.2　色

ロビボンド比色法　色の測定法としては，工業用油脂ではヘリーゲ比色計，食用油脂ではロビボンド比色計が広く採用されている．原理はどちらも同じであり，ロビボンド比色計は色の濃さの違った赤（R），黄（Y），青（B）の3色の標準色ガラスのセットを備えていて，赤と黄（必要があれば青）の色ガラスを適当に組み合わせて，一定の長さのガラス容器に入れた試料油と並べて色の濃さを目で比較し，同色に合った時の色ガラスの番号で（R1.2, Y20）のように表示する．この場合は，赤のNo.1とNo.0.2，黄のNo.20の3枚の色ガラスを重ねたものと試料油が同色であったという意味である．数値の少ない方が淡色である．この方法は，人間の目で比較するから，多少の個人誤差のあることは止むを得ない.

精密に色を測定するには,一定波長の可視光線を試料油に当てて,油に吸収された光線の量を電気的に測定する分光光度計が使用される.

色の成分　純粋なトリアシルグリセリンは無色であるから,油脂の色はトリアシルグリセリン以外の成分にもとづくものであって,植物油では黄色ないし赤色のカロテノイド,緑色の葉緑素(クロロフィル)などの油に溶ける植物色素,天然酸化防止剤であるトコフェロールの酸化物,綿実油に特有のゴシポール,脂肪酸の酸化物または重合物などが着色成分として数えられ,動物脂では血色素,脂肪酸の酸化物などが主因となっている.油脂中のカロテノイド色素の一部は,混在しているのではなく,脂肪酸とエステルを作って結合していると考えられている.

1.3　融点,凝固点,曇り点,冷却試験

いずれも外観的な状態の変化を示す分析値である.

融点　測定法に透明融点と上昇融点の2法がある.固体脂を溶かして液状にしたものを両端開放のままの硬質ガラス毛細管(内径1mm)に満たし,これを冷却して固まらせた後,定められた方法により加熱して次第に温度を上げ,毛細管中の試料全体が完全に溶けて透明になった時の温度が透明融点であり,試料とガラス管壁との接触部分が軟化して,試料がガラス管内を動き始めた時の温度が上昇融点である.天然油脂はトリアシルグリセリンの混合物であるから,透明融点の場合,溶け始めと溶け終わりの間にかなりの温度差を示すことが多い.溶け終わりの不明瞭な油脂に対しては,上昇融

点がよく用いられる．透明融点と上昇融点は一致しないから，いずれの融点であるかを明記する必要がある．なお，アメリカ油化学会(AOCS) の標準分析法では上昇融点を軟化点ともよぶ．

凝固点　油脂を規定の装置と方法で冷却して液状の油脂から固体脂が析出するとき，凝固に伴い凝固熱が発生して，冷却によって下降していた油脂の温度は上昇に転ずる．この上昇の最高温度を凝固点という．測定法としてダリカン法とシュコッフ法がある．なお，セッケンや硬化脂肪酸製造に使用される牛脂や豚脂のような獣脂類に対してタイターという言葉が使われる場合があるが，これは，油脂をアルカリけん化して得た脂肪酸混合物を規定の装置と方法で冷却して脂肪酸の凝固点を測定する試験である．天然油脂を構成する脂肪酸はその組成が油脂によって大体決まっているので，それぞれ特有のタイターを示す．油脂自体の凝固点より，概ねタイターは高値を示すが両者には必ずしも明確な相関性はない．

曇り点(曇点)　試料油脂を定められた方法に従ってゆっくり冷却し，試料が曇り始めた時の試料温度を曇り点という．曇り点はわずかな水分やロウ分などの影響をうけるから，あらかじめ試料中の不純物を除いてから測定する必要がある．粗油には融点の高いトリアシルグリセリン以外に長鎖炭化水素，アルコール類，ロウなどが混在する場合があり，これらは曇り点を低下させる．それ故，油脂の精製工程でそれらを除去する場合には曇り点は工程管理の指針になる．通常の食用植物油の曇り点は－5～－13℃位で，曇り点の低い油は凝固点も低い．

冷却試験　食用油脂に汎用される試験法であり，0℃以下で液状を保つ程度を試験する．試料を 0℃に保って一定時間ごとに曇りの有無を観察する方法と，80〜100mLの試料を規定の装置を用いて1日1℃ずつ温度を下げて曇り点と凝固点を測定する方法がある．この試験は，サラダ油などを冷蔵庫に保存した時，凝固しては不便であるから，実際的な要求に応じて行われる実用試験法の一種である．日本農林規格は前者の方法で5.5時間清澄であることがサラダ油に求められている．

綿実油，トウモロコシ油などロウ分の多い油脂は，脱ロウ操作が不十分であると短時間で曇りを生ずるから，この試験法は脱ロウの程度の目安にもなる．

1.4 コンシステンシー（Consistency, 稠度），固体脂指数（Solid Fat Index, SFI），固体脂含量（Solid Fat Content, SFC）

コンシステンシー マーガリンやショートニングのような固体脂の硬さ（あるいは，軟らかさ）をコンシステンシー（稠度（ちょうど））という．マーガリンに必要な性質として，口の中に入れた時に体温ですぐ溶けやすいこと，パンなどに塗る時に“のび”のよいこと，低温でも固くポロポロにならずに軟らかいことなどが挙げられるが，これらの性質はコンシステンシーと密接な関係がある．固体脂のコンシステンシーは，融点，凝固点の値からある程度の類推はできるが，直接，硬さを測定する方が正確である．

コンシステンシーの直接測定には種々の方法があるが，よく用いられる針入度試験は，脂肪の硬さに応じて，一定の重さと形をもった金属製の円錐や針などを，一定の高さから試料の表面に落として，試料内部へ突き刺さった深さを計る方法である．コンシステンシーは温度によって変わるから，常に試料の温度を一定にして比較する．

また，温度を変えて測定した時のコンシステンシーの変化曲線は，実用的性質との関連が深い．

固体脂指数（SFI） マーガリンのような固体状の油脂に含まれる固体脂の割合を示す指数であり，原理は油脂の完全に固化した状態と融解状態との間にある比容積の差を利用して求める．すなわち，ある温度における固体脂指数は，その温度から完全に溶けるまでの膨張から，その間の液体油だけの膨張を差し引いた値（mL/kg）で示される．油脂の膨張率はトリアシルグリセリン組成によって異なるが，すべて等しいとみなしている．その測定には膨張計を使用し，指数が30～40以下の範囲では，指数がそのまま固体脂の割合（%）を示すものと考えてよい．指数0は固体脂を含まない液体油で，おおよその目安として10～35は比較的軟らかい固体脂，40以上は硬い固体脂といえる．しかし，SFIの測定には熟練を要し，時間もかかるので現在ではほとんど使われていない．

固体脂含量（SFC） 測定目的は固体脂指数とまったく同じであるが，測定値が含有量を示すため広く利用されている．測定は核磁気共鳴（NMR）装置を用いて行い，2方法がある．プロトンNMR法は規定の測定条件下での固体脂のプロトンシグナルの面積強度から測定する．パルスNMR法はパルス信号を与えて，一定時間後に液体油のシグナルのみを測定する．両方法とも高価なNMR装置を使わなければならないが，測定値の個人差や機関差が少ない．

1.5 比　　重

一定温度における，同容積の試料と水との質量の比を，比重という．比重瓶を用いて測定するが，測定温度は15，20，25℃が用いられ，20/20℃，25/4℃などと表示する．前者は試料も水もともに20℃で測定してその比をとった場合で，後者は試料を25℃で測定し，4℃での水の密度（1.0）と比較したことを表わしている．油脂の比重は水よりも小さく（1.0以下），油脂の種類に応じてある範囲内に定まっているから，特数の1つとみなされる．

1.6　粘　　度

粘度の単位　流動体の粘性を表わす尺度を粘度というが，粘度の表わし方には大きく分けて絶対粘度，動粘度，工業用粘度の3種がある．絶対粘度は物理的に正しく定義されたもので，SI単位ではPa・s（パスカル秒），CGS単位ではP（ポアズ，ポイズ）が用いられ，ポアズの1/100をcP（センチポアズ）と言う．動粘度は液体の絶対粘度を，同じ温度におけるその液体の密度で割った商を言い，単位はストークス（stokes, St, $1St=10^{-4}m^2/s$）を用い，ストークスの1/100をセンチストークス（cSt）という．食用油脂では動粘度が広く採用され，測定値はcStで表わされることが多い．工業用粘度は，セーボルト粘度計，レッドウッド粘度計などの特定器具を使用して，独自に規格化された測定法にもとづいて得られる粘度単位である．塗料工業その他で工業用粘度は広く用いられるが，物理的な意味よりも，測定操作に重点をおいて考案されたものである．

粘度計　油脂の動粘度を正確に測定するには毛細管粘度計を使用するが，現在用いられているのはウベローデ粘度計やキャノン-フェンスケ粘度計であり，乾性油（VI, 2.3, 127ページ）についてはガードナー・ホルト法もある．工業用粘度はセーボルトユニバーサル粘度計，レッドウッド粘度計を用い，単位は一定温度下に50mLの試料が測定容器の下部にある細孔から流下する秒数で表わす.

食用油脂の粘度 油脂の粘度は温度に大きく左右され，温度が高くなるほど，粘度は小さくなる．表-28 は食用油脂の 25℃における動粘度を示したものであるが，油脂の種類により，それぞれ一定範囲の値を示している．動粘度の高いものから順にならべると，

ナタネ油＞コメ油，ゴマ油＞綿実油＞トウモロコシ油＞
大豆油，ヒマワリ油＞サフラワー油

となり，油脂を識別する際，動粘度の値を参考にすることもある．なお，食用ではないが，ヒマシ油の動粘度は，他の植物油に比べて異常に高く，ナタネ油の 5〜6 倍あり，大きな特徴となっている．

しかし，このように常温付近では差のある粘度も，200℃近いフライ温度になると，ほとんど類似した値となり差がなくなる．また，酸化重合，熱重合をうけると粘度が増加するから，重合の程度を知る尺度にも使われる．

表-28 食用油脂の動粘度（cSt）

食　用　油	粘　度（25℃）
ナタネ油（ハイエルシック）	71〜73
コメ油	66〜70
ゴマ油	63〜64
綿実油	61〜64
トウモロコシ油	59〜62
大豆油	54〜56
ヒマワリ油	54〜57
サフラワー油	52〜54
ヒマシ油	395〜401？

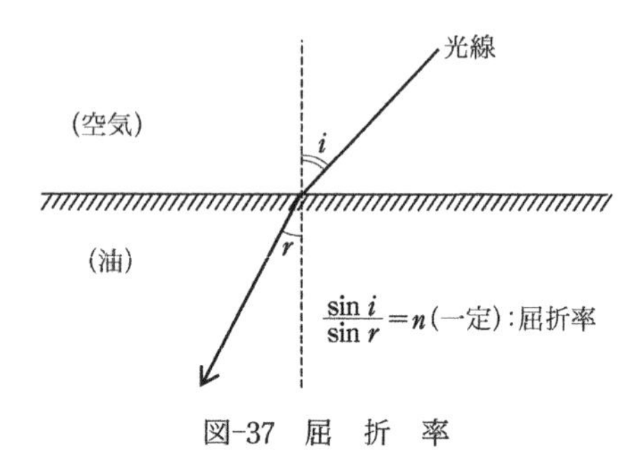

図-37　屈　折　率

1.7　屈　折　率

光線が，空気中から試料中に入る時の入射角の正弦（sin i）と屈折角の正弦（sin r）の比は，入射角に関係なく一定で，この値を屈折率という（図-37）.

屈折率は油脂の特数の 1 つであるが，測定温度を明記する必要があり，アッベ屈折計を用いてある温度（油脂では 20℃）で測定される．一般に屈折率は，脂肪酸の炭化水素鎖の長さ，二重結合の数（ヨウ素価）に比例して大となり，共役結合ができると大きくなる．したがって，屈折率は油脂の鑑別以外に，油脂の化学変化を追跡する方法の 1 つとしても使われる.

1.8　発煙点，引火点，燃焼点

試料を加熱して温度を上げた時，煙の出はじめる油の温度が発煙点，試料の表面に火を近づけた時，引火する油の温度が引火点，また，継続して燃焼する時の油温が燃焼点である.

これらの値は，試料の履歴，不純物の含量などにより大差がある．実用的には発煙点が重要で，精製の程度を判定する参考値とされる.

なかでも，脱臭の程度との関係が深く，脱臭の不十分な油脂では発煙点が200℃以下のこともあるが，通常の食用油脂の発煙点は200℃以上である．

2. 化学的測定値

2.1 酸価（Acid Value, AV），中和価（Neutral Value, NV）

酸価　油脂1gに含まれている遊離脂肪酸を中和するに要する水酸化カリウムの量をmg数で表わした値を酸価という．酸価から遊離脂肪酸の含有量（%）を知るには，一般の油脂の場合，酸価の1/2がおおよその遊離酸含有量と考えてよい．同じ種類の油脂でも，原料の貯蔵条件，採油の方法などで得られる粗油の酸価は異なり，また精製後の油脂も酸化が進むと，酸価が上昇するから特数ではない．食用油脂では，酸価は品質の良否を判定するのに役立つ値であり，粗油の酸価は高くとも精製食用油脂では0.3以下がふつうである．

中和価　脂肪酸1gを中和するに要する水酸化カリウムのmg数を言い，脂肪酸の中和価と酸価は同一である．定義や測定法などすべて酸価と同一である．純粋な脂肪酸はその測定値から分子量を求めることができる（脂肪酸の平均分子量＝56.108×1000/NV）．

2.2 けん化価（Saponification Value, SV），エステル価（Esterification Value，EV）

けん化価　油脂を構成する脂肪酸の分子量と関係のある値で，特数の1つである．油脂1gを規定の方法により完全にけん化するに要する水酸化カリウムのmg数で表わした数値をけん化価という．その価から，脂肪酸の分子量が算出できる．トリアシルグリセリンの場合は56108×3/SVで計算され，けん化価が高いものほど分子量は小さい．植物油脂では190前後のものが多いが，ヤシ油やパーム核油では240～250である．したがって，けん化価は重要な特数で，油脂の判別によく利用される．また，けん化価が異常に低い場合は，エステル化合物以外のもの，例えば不けん化物，鉱物油などの不純物の存在が予想される．ロウは油脂に比べて完全けん化が著しく困難であるから，ロウのけん化価は油脂の場合と条件を変えて測定される．

エステル価　油脂またはロウ1gに含まれるエステルを完全にけん化するに要する水酸化カリウムのmg数をいう．試料中に遊離脂肪酸があるとけん化価に含まれて測定されるから，必要な場合はけん化価から酸価を差し引いて，エステルのみのけん化に消費された水酸化カリウムのmg数を算出する．これをエステル価という．EVとSVからトリアシルグリセリンの含有量を，またEVからグリセリンの含有量をそれぞれ次式で知ることができる．

トリアシルグリセリンの含有量(%)＝100EV/SV,

グリセリンの含有量(%)＝0.0547EV

2.3　ヨウ素価（Iodine Value, IV）

油脂を構成する不飽和脂肪酸がもっている二重結合の総数に比例する数値で，代表的な測定法はウィイス法である．ウィイス法では，規定の方法にもとづき試料にハロゲンを付加させた場合，試料中の二重結合と反応するハロゲンの量をヨウ素に換算し，試料100gに対して付加したヨウ素の量をg数で表わした値をヨウ素価という．

ヨウ素価は油脂の構成脂肪酸の種類と関係のある重要な特数で，ヨウ素価の大きいことは油脂を構成する不飽和脂肪酸量の多いこと，したがって，自動酸化をうけやすいことを示し，ヨウ素価が低いことは酸化に対する安定性に優れていることを意味する．

ヨウ素価 130 以上の油脂は薄くのばして空気中に放置すると自動酸化による酸化重合が速く，乾燥皮膜を作りやすいので乾性油とよばれ，100〜130 は半乾性油，100 以下は不乾性油とよばれる．

ヨウ素価測定法には，このほかハヌス法などがあるが，ハヌス法はウィイス法よりもやや低い値を与える．

2.4 水酸基価（ヒドロキシル価，Hydroxyl Value, OHV），アセチル価（Acetyl Value）

水酸基価　試料中に存在する遊離の水酸基（-OH）の数に比例する値である．規定の方法により，1g の試料に含まれる遊離の水酸基をアセチル化するために必要な酢酸を中和するに要する水酸化カリウムの mg 数と定義され，これを水酸基価という．

トリアシルグリセリンのみからなる油脂では遊離の水酸基がないから水酸基価は 0 であるが，通常の油脂には微量のジアシルグリセリン，水酸基をもつ不けん化物などが存在するから，多少の水酸基価を示す．油脂が酸敗して加水分解すると，水酸基価が大きくなる．特殊な例として，ヒマシ油は水酸基のあるリシノール酸を含有し水酸基価が高いため，ヒマシ油については水酸基価が特数になる．

また，ロウには遊離の高級アルコールが存在するから，水酸基価が比較的高い．

アセチル価　試料中の遊離の水酸基の量を示す価であり，無水酢酸でアセチル化した油脂またはロウ1gをけん化して遊離する酢酸を中和するに要する水酸化カリウムのmg数で表わされる．数値の意味，測定法など水酸基価と同じであるが，計算法が少し違うのでアセチル価は水酸基価よりもわずかに低い値になる．

2.5 不けん化物（Unsaponifiable Matter）量

試料中の不けん化物(アルカリによりけん化されない有機化合物)の量を，試料に対するパーセントで表わした値である．

油脂の不けん化物としては，色素類，ステロール類，トコフェロール類，高級アルコール類，炭化水素などがあり，不けん化物量は油脂の種類，採油方法により大差がある．植物油脂では，コメ油などは不けん化物が多く，水産動物油脂のなかには極端に多いものがある．

不けん化物は油脂精製の過程で相当量が除かれるはずであるから，食用油脂の不けん化物量の測定値は，精製度の良否を判定するのに役立つ．

2.6 過酸化物価（Peroxide Value, PVまたはPOV）

油脂の酸化劣化の程度を示す指標の1つであり，試料中に存在するヒドロペルオキシド量に対応する価である．各種の分析法が提案されているが，一般に行われている方法はヨウ素滴定法であり，規定の方法により試料にヨウ化カリウムを加え，遊離したヨウ素をチオ硫酸ナトリウム標準液で滴定し，試料1kgに対するヨウ素のミリ当量数（meq）で表わした値をいう．

なお，以前の過酸化物価測定法はクロロホルム溶剤下にデンプン指示薬を用いて行われていたが，塩素系溶剤がオゾンホールを拡大するとして使用が禁止されたことに伴って，使用する溶剤がクロロホルムからイソオクタンに変更されたが，デンプン指示薬の発色が非常に悪くなった．それ故，最近は電位差滴定法を応用した自動滴定による過酸化物価の測定法が汎用されるようになっている．

過酸化物価は油脂の自動酸化初期の程度を知る目安とされる．よく精製された新鮮な食用油では，この値が2meq/kgを超えることは少ないが，精製法が適切でないものや悪条件のもとに試料を長期間放置すると，過酸化物価は容易に10meq/kg以上に上昇する．食品衛生法では即席めんや菓子類に含まれる油脂の過酸化物価は30meq/kgを超えてはならないと規定している．

2.7 カルボニル価（Carbonyl Value, CV），TBA価（Thiobarbituric Acid Value）

ともに油脂の自動酸化による酸敗，劣化の程度を知るための分析値で，過酸化物価ほど一般的ではないが，以下に述べるように目的に応じて測定される値である．

過酸化物価は，自動酸化の第一次生成物であるヒドロペルオキシドを定量する分析法であるが，カルボニル価，TBA価は過酸化物から二次的に作られるアルデヒド，ケトンなどのカルボニル化合物を定量する方法である．油脂から発生する不快な酸敗臭は過酸化物ではなくカルボニル化合物の発する臭いが原因であるから，官能的な酸敗臭を化学的にとらえるには本法の方が過酸化物価よりも直接的であるといえる．官能試験による風味の評価と，化学分析値との関連性については古くから多くの実験が試みられているが，自動酸化後期の酸敗臭とカルボニル価との間には明らかに相関性が認められる．しかし，自動酸化初期の戻り臭は過酸化物価，カルボニル価，TBA 価のいずれによっても定量的にとらえることは困難で，官能試験の結果と化学分析値の両者を総合しながら，経験的に判断する以外にはない．

カルボニル価と TBA 価はそれぞれ，2,4-ジニトロフェニルヒドラジンやチオバルビツール酸（TBA）などの特殊試薬がカルボニル化合物と反応して着色化合物を作る性質を利用し，着色反応物の色の濃さを比色定量して値を求める．しかし，カルボニル価測定法は発ガン性が懸念されるベンゼンを溶剤として使用するため，ベンゼンに代えてブタノールを使用する方法が開発されており，両方法の間には

（ベンゼン法によるカルボニル価＝0.67×ブタノール法によるカルボニル価）

の関係がある．

また，TBA 法は酸化二次生成物の一種であるマロンジアルデヒドを定量するとされているが，必ずしもマロンジアルデヒドのみを定量するとは限らないため，近年は TBA 反応物を総合的に定量する方法として利用されている．

なお，劣化していない食用油脂のカルボニル価（ベンゼン法）は 10 以下がふつうであり，食品衛生法では揚げ処理中の油脂のカルボニル価は 50 を超えてはならないとしているが，過酸化物価も含めて油脂の変敗度を正確に知るためは，JAS 法で規定されている方法や日本油化学会の基準油脂分析試験法に採用されている複数の方法で酸化の状態を把握することが望ましい．

3. 酸化安定性を比較する試験法

油脂が風味その他の品質において，どれ位の期間，新鮮さを保つだろうか——言いかえれば，自動酸化に対する油脂の抵抗力の大小——を予知する試験法がある．いずれも人為的に自動酸化を促進して，短時間に結果を得ることを目的としたもので，オーブンテスト，活性酸素法，酸素吸収法，CDM 試験などである．これら促進試験の結果と，実際の油脂の酸敗臭発生の遅速との関連性はかなり高いと言える．

3.1 オーブンテスト（Oven Test）

油脂および油脂含有食品の自動酸化に対する安定性を評価する試験法であり，日本油化学会の基準油脂分析試験法の重量法は，試料油を 60℃の電気恒温槽内で加熱して自動酸化を促進させ，酸素吸収による質量の増加率が 0.5%に達するまでの時間を測定する．また，官能法は同様に 60℃の電気恒温槽内で自動酸化を促進させた試料油について，所定の分類に従ったフレーバースコアが 3 に達するまでの日数を求める．オーブンテストの一例をあげれば，豚脂 6 日，綿実油 10 日，大豆油 12 日で，日数の長いほど試料の酸化安定性が大きいことはもちろんである．なお，官能的に臭気をテストすることと平行して，定期的に試料の過酸化物価を測定すれば，傾向が一層明確になる．

3.2 活性酸素法（Active Oxygen Method, AOM）

この方法はオーブンテストに比べて特別の装置と操作が必要で，

試験に手間がかかるが，より正確な結果が得られる．いろいろ変法があるが，アメリカ油化学会（American Oil Chemists' Society, AOCS）で標準化された方法が一般的である．

AOM は試料を加温し，同時に試料中に空気を吹き込んで酸化を促進することにより酸化誘導期を短縮して，短時間に安定性を比較しようとする試験法である．AOCS 法では，大型試験管に試料 20mL をとり，一定温度（97.8±0.2℃）に調節された油浴のなかに浸しておく．そして，清浄空気を一定流量（2.33mL/ 試験管 1 本当たり / 毎秒）で試料へ通じる．一定時間ごとに少量の試料油を取り出し，その過酸化物価（PV）を測定して酸化度をチェックする．

本試験法による結果を表示する場合，AOM 安定性という言葉が使われるが，これは植物油脂の場合，試料の PV が 100meq/kg に達するまでに要した時間で表わした値である．例えば，AOM 安定性 15 時間とは，PV が 100meq/kg になるのに 15 時間を要したという意味である．したがって時間が長い方が，安定性が高い．なお，豚脂のような動物脂では，PV が 20meq/kg に達するまでの時間で表示する．一般に AOM 安定性が標準的に使われるが，この値を求めるためには PV が 100 meq/kg を超えたことを確認するまで測定を続けるので，安定性の高い試料では長時間試験を行わねばならない．そこで簡便法として，一定時間（例えば 8 時間）後の PV の大小で安定性を比較する表わし方もある．例えば，AOM が 8 時間，PV が 65 meq/kg というように表現する．この表示法では時間の明記が重要で，AOM 安定性とは逆に，PV の数値の小さい方が安定性に優れていることになる．

表-29 は，酸化防止剤を添加しない場合の精製食用油脂の AOM 安

表-29 食用油脂の AOM 安定性

油　　脂	AOM 安定性（時間）
サフラワー油	9
ヒマワリ油	12
綿実油	13
大豆油	16
コメ油	18
ナタネ油	20
トウモロコシ油	20
オリーブ油	20
バター脂肪	10
豚　脂	6

定性である．動物脂よりも植物油の方が安定性の高い理由は，植物油には天然酸化防止物質が元来含まれているためである．したがって，動物脂に酸化防止剤を添加すると，その効果は植物油に加えた場合よりも大きく現れる．

3.3 酸素吸収法（Oxygen Absorption Method）

試料温度を一定に保ち，一定時間後に油脂が吸収付加した酸素量を測定して安定性を比較することもできる．吸収酸素量を知るには，ワールブルグ検圧計を用いたり，容器に試料と酸素を封入密閉し，酸素の圧力低下を測るなどの方法があるが，いずれも特別の装置が必要である．

3.4 CDM 試験（Conductometric Determination Method）

導電率を利用して油脂の自動酸化に対する安定性を評価する試験法で専用の試験装置（ランシマット）を用いる．測定原理は所定量の油脂を反応容器に入れて120℃に加熱しながら清浄な空気を送り，酸化によって生成した揮発性分解物を純水（または蒸留水）中に捕集しながら，その導電率の変化を経時的にプロットする．描いた誘導曲線が急激に変化する変曲点までの時間を求めて，油脂の安定性を評価する．

試料を高温で加熱するため，AOM試験より短時間で試験が終了するが，AOM試験法との相関性が高い．なお，変曲点まで長時間を要する場合は140℃で，また極端に変曲点が短い場合は100℃で加熱し，測定温度を表記する．また，近年地球温暖化対策として軽油の代替燃料にバイオディーゼル燃料が使われるようになったが，その酸化安定性試験にもこの方法が利用されている．

Ⅷ　脂肪酸の分離と分析

脂質の成分を調査するに当たって，それを構成する多種類の脂肪酸を個々に分離し，その性質を調べる仕事は必ずやらねばならない．脂肪酸の分離と確認の手法は近年大きな進歩をとげ，昔にくらべると極めて短時間に正確な結果が得られるようになった．本章ではこれらの手法について，その詳細は省略し，基本的な概念が得られるよう解説を進めたい．

1．蒸　留　法

脂肪酸の炭素鎖の長さに応じて沸点が異なる性質を利用して，脂肪酸混合物を分別蒸留（分留）することは古くから行われている．一般的には，沸点を下げるためにあらかじめ脂肪酸をメチルエステルに変えてから蒸留する．

加熱だけによる常圧蒸留で，$C_{12:0}$，$C_{14:0}$，$C_{16:0}$，$C_{18:0}$，$C_{20:0}$のメチルエステルを分離することは容易ではない．特に，C_{18}に属するオレイン酸（$C_{18:1}$），リノール酸（$C_{18:2}$），α-リノレン酸（$C_{18:3}$）の各メチルエステルを相互に分けることはむつかしい．C_6以下の低級脂肪酸は精油の抽出に用いられている水蒸気蒸留を行うと水蒸気とともに留出してくる．

最も頻繁に行われる蒸留方法は，真空ポンプを使って脂肪酸メチルエステルを減圧下に蒸留し分別する方法である．減圧蒸留でも200℃前後まで加熱しなければならないから，高度不飽和脂肪酸，あるいはC_{20}以上の高級脂肪酸は重合，環状化合物の生成，二重結合の移動などの起こる心配がある．それ故，高度不飽和脂肪酸や脂肪酸の重合体を取り出すには分子蒸留が使われる．分子蒸留は通常の減圧蒸留では分離が困難な試料を0.13Pa（10^{-3}mmHg）以下の高真空下に分離する方法である．液体は常にその分子が蒸発しているので，蒸発面と凝縮面（冷却面）の距離を，これらの分子の平均自由行程内として冷却装置を置けば，飛び出した分子をほかの分子に衝突させずに冷却面で捕集することができる．分子蒸留は一般の蒸留と異なり，蒸発が物質の表面だけから起こるので，留出量は表面の広さに比例する．

2.　結晶化分別法（分別結晶）

一般に脂肪酸は溶媒に対して，炭化水素鎖が長くなるほど溶けにくく，二重結合が増えるほど溶けやすくなるから，適当な溶媒に溶かして放置すると，溶解度の小さい，溶けにくい脂肪酸が結晶となって析出する．たいていの不飽和脂肪酸は溶媒に対する溶解度が飽和脂肪酸よりも大きいから，飽和脂肪酸と不飽和脂肪酸との分別は比較的容易である．

鉛塩結晶化法　C_{16}およびC_{18}の脂肪酸混合物を，飽和脂肪酸と不飽和脂肪酸に分けるには，エタノールに溶かして脂肪酸の鉛塩を作り放置しておくと，大部分の飽和脂肪酸は結晶化し，不飽和脂肪酸の大部分は溶液中に残っている．表-30はこの方法で分別した結果

表-30 脂肪酸の鉛塩結晶化法による分別（重量%）[1]

	結晶化した脂肪酸		溶解している脂肪酸		合計
	飽和脂肪酸	不飽和脂肪酸	飽和脂肪酸	不飽和脂肪酸	
動物脂	43.6	1.2	4.1	51.1	100
植物油	53.3	1.0	2.8	42.9	100

で，植物油の場合，全飽和脂肪酸の約95%が結晶化して分離され，全不飽和脂肪酸の約98%が溶液として残っている．

低温結晶化法 非常に結晶になりにくい脂肪酸でも，−70℃まで冷却すると結晶化することができる．混合脂肪酸を適当な溶媒に溶かし，冷却操作だけで分別する方法が低温結晶化法である．この分別法の利点をあげてみると，化学反応によらず，しかも，0℃以下の低温での操作であるから，高度不飽和脂肪酸に応用しても酸化，重合などの化学変化を起こす心配がない．その上，ドライアイスなどの冷却剤が手近に入手できるから，便利に短時間に操作が行える．溶媒と冷却温度を適当に変えて，任意の区分を集めることができるが，混合脂肪酸を飽和脂肪酸グループ，モノエン酸グループ，ポリエン酸グループの3つに分別することが多い．ただし，他の結晶化分別法と同様，本法によっても完全な分離はむつかしく，目的とする脂肪酸以外のものが，わずかに混入することは避けられない．

原料は脂肪酸のままでもよいが，エステルにした方が好結果が得られる．溶媒はメタノール，エチルエーテル，石油エーテル，アセトンなどが用いられ，表-31は冷却温度と溶媒を段階的に変えて分別した結果である．すなわち，タイガーナッツオイル脂肪酸の場合，まず−20℃に冷却したメタノール中で可溶部と不溶部に分画した後，可溶部を−45℃に冷却して再度，可溶部と不溶部に分画した結果を

表-31　脂肪酸の低温結晶化法による分別[1)]

タイガーナッツオイル脂肪酸					
メタノール(−20℃)	メタノール(−45℃)	重量%	飽和脂肪酸(%)	モノエン酸(%)	ポリエン酸(%)
不溶部	—	35	98	2	—
可溶部	不溶部	30	10	88	2
	可溶部	35	9	55	36
アーモンドオイル脂肪酸					
エーテル(−35℃)	アセトン(−60℃)	重量%	飽和脂肪酸(%)	モノエン酸(%)	ポリエン酸(%)
不溶部	—	10	95	5	—
可溶部	不溶部	41	7	81	12
	可溶部	49	—	20	80

示している．低温結晶化法は工業的に実施されている．工業的データによると，90%メタノールを使って−15℃で分別すると，牛脂脂肪酸から，純度が最高95%の飽和脂肪酸とオレイン酸が得られ，またヨウ素価103の綿実油脂肪酸からヨウ素価7〜12の部分30%と，ヨウ素価142〜144の部分70%が得られている．

油脂は多種類の脂肪酸で構成されており，その中で飽和脂肪酸がグリセリンの1,3位に結合しているものは低温で固化しやすい．すなわち，対称性のよい構造をとる油脂は結晶化しやすい．サラダは比較的低温で供されるので，このような分子を含む油脂をサラダ油として使用するとざらついた感じを与えて見た目にもよくない．それ故, 精製した油脂を長時間冷蔵［ウインタリング（Wintering）処理と言う］して，析出する高融点成分を分離する脱ロウ工程も一種の低温結晶化分別である．なお，JAS規格では，白濁や凝固が起こらないように「0℃の温度で5.5時間清澄であること」がサラダ油に求められている．

3. 尿素付加法（尿素アダクト法）

純粋な尿素は正四面体の結晶を作るが，ある種の鎖状化合物が存在すると，鎖状化合物と一緒に六角柱の結晶を作る性質がある．尿素と複合結晶体を作る鎖状化合物はその分子の大きさと形に制限があり，飽和脂肪酸は不飽和脂肪酸よりも非常に速く安定な複合体を作り，オレイン酸（モノエン酸）はポリエン酸よりも容易に複合体を作るので，この性質を混合脂肪酸の分別に応用している．

実際には，脂肪酸またはメチルエステルの混合物をメタノールに溶かし，尿素の量をいろいろ変えて処理し，室温またはそれ以下に冷却放置すると複合体が結晶化して析出する．加える尿素の量，溶剤の種類，結晶温度を適当に組み合わせると，尿素付加物（尿素アダクトと言う）と非付加物に分別できる．そして，生成した尿素付加物に水を加えると，尿素が水に溶解して脂肪酸あるいはメチルエステルが分離する．

ヨウ素価 141 の大豆油脂肪酸に，加える尿素量を逐次増加しながらこの方法を応用すると，最初にヨウ素価 56 の尿素付加物と 162 の非付加物に分画され，次にこの非付加物を再び尿素量を増やして尿素付加分別すると，ヨウ素価 88 の付加物と 180 の非付加物に分画され，さらに尿素量を増やしてヨウ素価 180 の区分を分別するとヨウ素価 119 の区分と 191 の区分に分画できる．このように低ヨウ素価区分と高ヨウ素価区分に分別することができる．分画中は二重結合の多いポリエン酸でも，尿素複合体の形では自動酸化をうけにくく，安定である．

4. 向 流 分 配 法

互いに溶け合わない2種の溶媒を分液ロートにとり，分別したい溶質を加えてよく振りまぜ静置しておくと，平衡に達して分液ロート内の溶液は上下2層に分かれ，加えた溶質は上層と下層に一定の割合で溶けこむ性質がある．つまり，溶質は2種の溶媒に分配されることになり，分配の比率は温度，溶質，溶媒の組合せにより定まるから，これをその溶質の分配係数とよぶ．

溶質の分配係数は大なり小なり異なっているから，分配係数の差を利用して分配を繰り返すことにより，混合物からそれぞれの成分を分けることができる．これが向流分配法であり，脂肪酸，そのエステル，アシルグリセリン，リン脂質などの複雑な混合物の分離に有効である．

分配係数に大きな差のある脂肪酸が混合している場合は，分配を数回繰り返すだけで分離できるが，係数が似ている場合には数十回，数百回も繰り返す必要がある．この目的にそって，数百本の分配管を備え自動的に振とう，静置，層の移し替えが反復される装置が作られている．

図-38は自動装置を用いて$C_{12:0}$～$C_{18:0}$の飽和脂肪酸混合物の分配を400回繰り返した時の分離状態を図示したものであり，個々の分配管の上層に含まれる脂肪酸量を示している．この時の溶媒は，ヘプタン，氷酢酸，ギ酸アミド，メタノールの（3：1：1：1）混合物である．

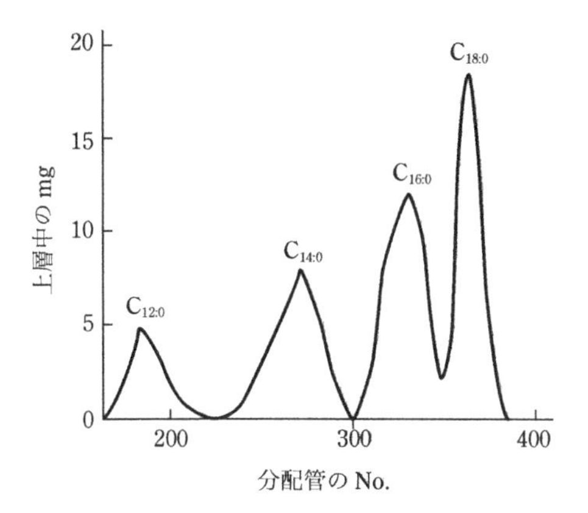

図-38　飽和脂肪酸混合物の自動向流分配法による分別 [2)]

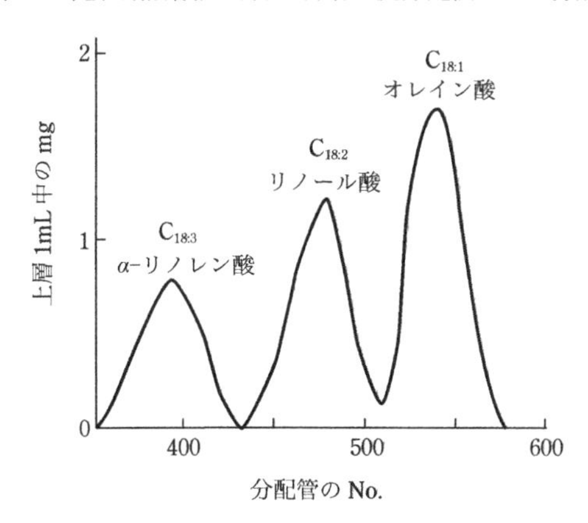

図-39　不飽和脂肪酸混合物の自動向流分配法による分別 [2)]

図-39 は，オレイン酸，リノール酸，α-リノレン酸混合物を同じ溶媒系で分配を 650 回反復した時の分配曲線である．この方法はトリアシルグリセリン混合物の分離にも有効で，ある場合には純粋なトリアシルグリセリンが得られる．

5.　クロマトグラフ法

油脂の複雑なトリアシルグリセリン成分や脂肪酸組成を知る手段として，これまでに述べた古典的な方法はかなり有効ではあるが比較的多量の試料が必要で，操作の手間も繁雑，かつ，分析に長時間を要する場合が多く，しかも分離された成分は常に純粋であるとは言えない．

ところが，新たに各種のクロマトグラフ法が登場して以来，この分野の実験法は様相を一変した感がある．それらの方法は，極微量の試料で分析ができること，操作が簡便で迅速に結果が得られること，しかも成分の分離性のよいことなど古典的手法の欠点を大きく改善したものといえよう．各種クロマトグラフ法の出現により，以前は困難とされていた一部の脂質成分の解明も容易に行えるようになり，油脂化学の知識は大きく進展した．

クロマトグラフ法には，ペーパークロマトグラフィー（Paper Chromatography），カラムクロマトグラフィー（Column Chromatography），薄層クロマトグラフィー(Thin Layer Chromatography, TLC)，ガスクロマトグラフィー（Gas Liquid Chromatography, GLC），高速液体クロマトグラフィー（High Performance Liquid Chromatography, HPLC）などがある．共通の原理は，試料である各種成分の混合体をキャリアーとよぶ運搬体と一緒に，ろ紙や粉末などの層（固定相）を移動通過させると，試料中の各成分の移動速度が化学構造によって異なる性質を利用している．その結果，固定相を通過する間に速度の速い成分と遅い成分とに分離し，固定相から溶出してくる時間が違ってくる．また，非常に移動しにくい物質は固定相のなかに止まっている．固定相の出口でこれらを区分ごとに集めて化学的，物理的分析によりその量と構造を確認する．

5.1 ペーパークロマトグラフィー

この方法は最も簡便なクロマトグラフィーであるが，古典的な分析法に比べて，分析に要する試料量が少なくてすむこと，分離がより精密なことなどの利点がある．脂肪酸以外に，色素類，ステロール類の分離にも有効で，植物油に混入した動物脂の検出にも使われる．

固定相としてはろ紙（あるいはシリコーンオイルやパラフィンで処理したろ紙）を用いる．ろ紙の端に近い所に少量の試料をスポット（負荷）し，その負荷した方のろ紙の端を展開槽中の溶媒に浸して静置する．溶媒がろ紙に吸収されて移動する時に試料成分も同時に展開移動し，成分ごとにろ紙上に数個のスポットとして分離する．対照として，既知の標準試料を未知試料と並べて同時に展開移動させれば，移動距離は物質ごとに一定であるから，両者のスポットの位置を比較することにより成分を確認することができる．

5.2 カラムクロマトグラフィー

この方法は試料の分離法であり，分析法ではない．固定相はアルミナやシリカゲルなどの粉体（あるいは，その表面を特殊薬品でコーティングしたもの）をガラス管に詰めた吸着柱（カラム）である．カラムの上部に試料溶液を負荷した後，移動相溶媒を流すと，溶液中の成分はその物質の移動速度に応じてカラムの異なる位置に帯状に吸着されるから，吸着柱をガラス管から押し出して吸着帯（成分の吸着された部分）を切断し，別の溶媒で吸着成分を抽出するか，あるいはカラムをそのままにしてカラムの上部から移動相溶媒を連続的に流し，各成分を順次に溶かし出して，カラム下端から流出させ分取する．後者の方法は液体クロマトグラフィーともよばれ，微量成分を溶出分離するのに適しているが，カラム溶出液を一定少量ずつ多数の分画に分けて取るために自動分画装置が考案されている．

図-40は，硝酸銀で処理したシリカゲルカラムを用いて，パーム油を液体クロマトグラフィーにかけた時の溶出曲線であり，トリアシルグリセリンが不飽和度の低いもの，すなわち低極性成分から順に溶出する状況を示している．

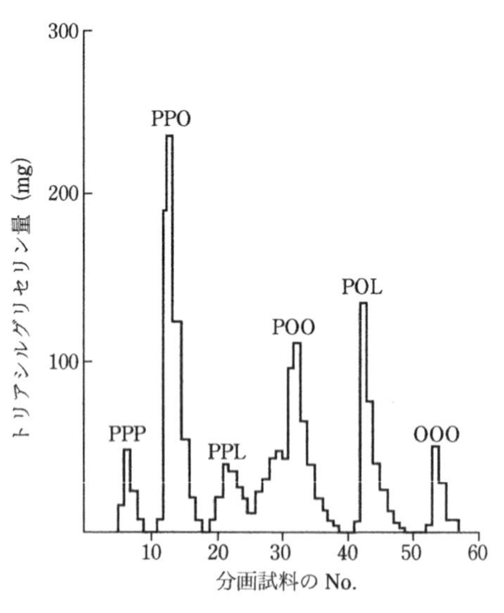

図-40　液体クロマトグラフィーによるパーム油の分別[2)]

5.3 薄層クロマトグラフィー

これはペーパークロマトグラフィーを高精度に改良したものであり，シリカゲルやアルミナなどの極めて薄い均一な厚さの層（厚さ0.25mm 前後）をガラス板上に塗布したものを固定相とする方法であり，操作はペーパークロマトグラフィーと同じであるが，溶媒による試料の展開移動がより短時間に，そして精密な分離が行われることが特徴である．

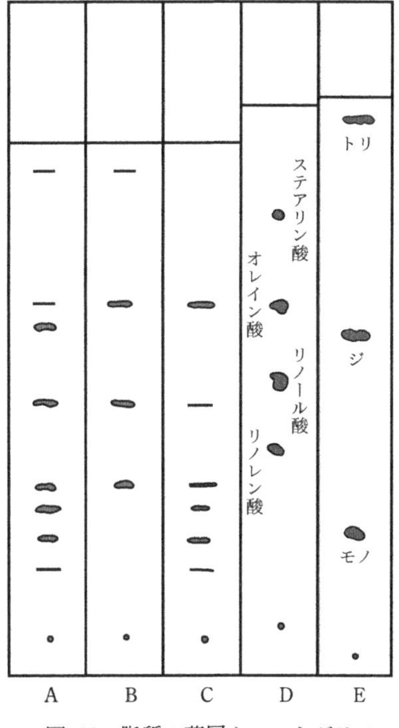

A 豚 脂
B カカオ脂
C 綿実油
D 臭素化メチルエステル類
E モノ，ジ，トリアシルグリセリン類

図-41 脂質の薄層クロマトグラフィーによる分離[2)]

この方法は油脂成分の分析に広く応用されおり，改良工夫された種々の変法がある．脂肪酸，エステルのほか，モノ，ジ，トリアシルグリセリンの分離も可能である．図-41は脂質の薄層クロマトグラムで，各成分のスポットの分離状態を示している．

5.4　ガスクロマトグラフィー

有機化合物の分離・分析法として上記のクロマトグラフィーは大きな役割を果たしてきたが，1960年代にガスクロマトグラフィーが開発されて以来，脂質分析は飛躍的に発展した．

本法は他のクロマトグラフィーに比べて，試料はさらに微量で足りること，分離精度のよいことなどに加えて，分離した成分を自動的に検出，記録することができるなど多くの利点を持っている．ことに，数mgの試料しか得られない生化学の分野では，すこぶる重宝な分析法といえる．

ガスクロマトグラフィーは成分を分離する固定相をカラムに充填，あるいは塗布したものを用いるが，試料を気体に変え，展開移動にも気体(キャリアーガスという)を使用することが特徴であり，分離した各成分を自動的に検出する検出器を備えている．固定相となるカラムは，細長いガラス管（内径3～5mm，長さ1～4m位）に粉体（シリカゲル，活性炭，ゼオライトのような吸着力をもつ担体や珪藻土のような多孔質不活性担体に不揮発性の液体を吸着あるいは化学的に結合させたもの）を充填したもの（パックドカラム),あるいは15～60mにも及ぶ毛細管（内径0.1～0.5mm）の内壁に固定相をコーティングしたもの（キャピラリーカラム）を使用する．試料は加熱して気化し，一定の流速で送られる移動相（キャリアーガス）と混合してカラム内を通過させる．これらの操作は200～300℃の高温で行われるが，カラムの温度は試料の気化性に応じて調節される．カラムから流出した成分ガスは検出器を通ってチェックされ，その結果は記録計で自動的に記録される．

検出装置としては，キャリアーガス単体とキャリアー・試料混合ガスとの熱伝導度の差を測定する熱伝導度検出器（Thermal Conductivity Detector, TCD），水素ガスの燃焼する炎に微量の有機物が混合した時のイオン電流を測定する水素炎イオン化検出器（Flame Ionization Detector, FID），放射線源を用いるエレクトロンキャプチャー（電子捕獲型）検出器（Electron Capture Detector, ECD）などがあるが，検出の鋭敏度からいえばECDが最もすぐれ，FIDがこれに次ぎ，TCDは劣る．

本法はガス体で検出するから，極微量の成分でも捕えることができ，ガスの流速を調節して分離精度を向上させ，カラムは反復して使えるなど数々の特徴がある．キャピラリーカラムを使えば，一層精密に分離できる．キャリアーガスは，TCDにヘリウム，水素，FIDには窒素あるいは空気が用いられる．

分離された各成分は図-42のように，流出した順序に従って成分ごとに記録紙に鋭いピーク状にクロマトグラムが描かれる．図の横軸は時間を示し，試料を注入してからそれぞれのピークの中心が出現するまでの時間を保持時間（Retention Time, RT）とよび，縦軸は成分の相対的な量を表わしている．同一の条件で操作すれば保持時間は成分ごとに一定であるから，構造のわかっている標準試料の保持時間と比較することにより未知成分の確認ができる．また，ベースラインから上のピークの面積を計算して，成分の比率を算出し定

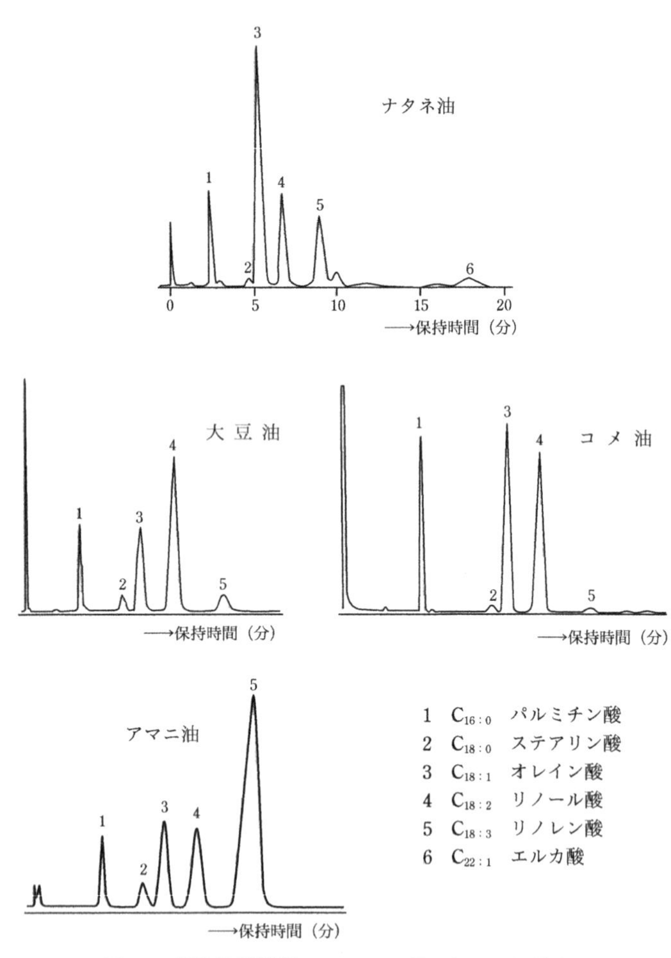

図-42　植物油脂肪酸エステルのガスクロマトグラム
日本油化学協会・ガスクロデータ小委員会（1978, 1979）

量することもできる．これらは混合脂肪酸のメチルエステルを試料としているが，モノ，ジ，トリアシルグリセリンの分離も可能である．

5.5 高速液体クロマトグラフィー

カラムクロマトグラフィーは固定相を充填したカラムの中を試料が流下する過程で試料の分離がなされるが，分離に長時間を要することと分離が精密に行われないことが欠点である．高速液体クロマトグラフィーは，これらの欠点を克服するためにカラムクロマトグラフィーより固定相の粒度をさらに小さく，均一にして理論段数を上げてカラムの分離性能を高めるとともに，移動相に高圧力をかけて流して分離効率を上げた分析法である．分離モードの違いにより，吸着クロマトグラフィー，分配クロマトグラフィー，イオン交換クロマトグラフィー，ゲル浸透グロマトグラフィーなどがあり，分析目的によって使い分けられている．

カラム充填剤には粒径3〜5μmの多孔性シリカゲルやシリカゲルに種々の官能基を化学的に結合させた固定相などが使用されている．固定相が移動相より極性が高い場合を順相といい，低い場合を逆相という．検出器としては紫外可視（吸光度）検出器（Ultra-Violet Visible Light Absorbance Detector, UV-VISD），示差屈折率検出器（Refractive Index Detector, RID），電気伝導度検出器（Conductivity Detector, CD），蛍光検出器（Fluorescence Detector, FD），電気化学検出器（Electro-Chemical Detector, ECD）などが目的に応じて利用されている．GLCで分離しにくいモノ，ジ，トリアシルグリセリンや高沸点脂質の分離・分析に威力を発揮する．図-43はオリーブ油

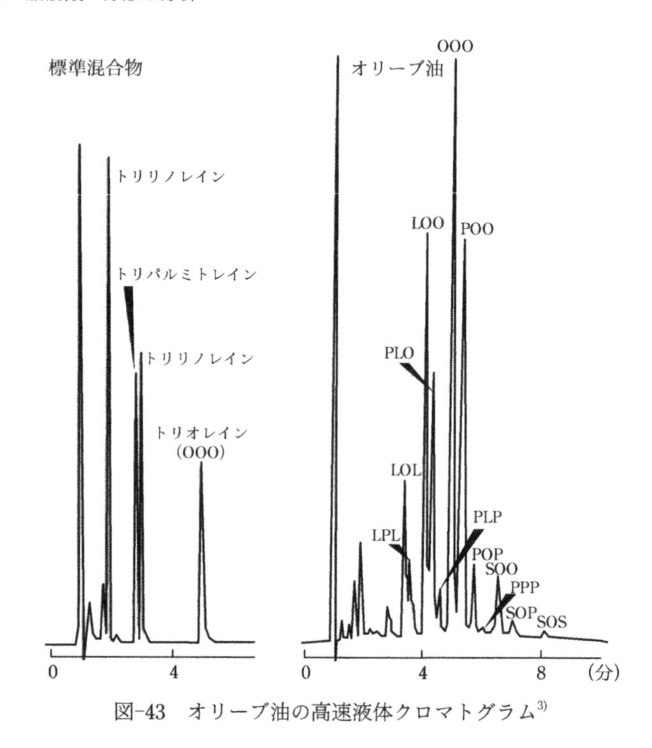

図-43　オリーブ油の高速液体クロマトグラム[3)]

の分析例を示したものである．

6.　分離成分の確認

以上の各種の手法を用いて，できる限り純粋に分離，精製された脂質成分の化学構造は，そのままで確認できる場合もあるが，二重結合の位置，シス-トランスの異性構造などさらに詳細を調査しなければならない場合も多い．

この目的のためには，物理的方法として紫外吸収スペクトル(UV)，赤外吸収スペクトル（IR)，核磁気共鳴スペクトル（NMR)，質量スペクトル（MS）などが測定され，化学的にはマレイン酸無水物の付加，水素添加，オゾン分解などが試みられ，それらのデータを総合検討して最終的に完全な化学構造が決定されることになる.

なお，近年汎用されている上記の物理的方法は分析試料が純粋のときにその威力を発揮するため，GLC や HPLC で分離した成分を直接質量分析器（Mass Spectrometry，MS）に導入して分析することが行われている.

参考資料

1) F.D.Gunstone, An Introduction to the Chemistry and Biochemistry of Fatty Acids and their Glycerides, Chapman & Hall, London (1967)
2) K.A.Williams, Oils, Fats and Fatty Foods, J. A. Churchill, London (1966)
3) M.W.Dong and J.L.Dicesare, JAOCS, **60**, 788 (1983)

IX　油脂の栄養と代謝

1.　油脂の消化，吸収

食物中の油脂——トリアシルグリセリン——は，まず胃の中でカユ状に乳化され，次に，十二指腸を通るときに胆汁，膵液と混合される．これらの消化液には脂肪の加水分解酵素であるリパーゼやエステラーゼが存在するから，その働きで一部のエステル結合が切れ，遊離脂肪酸，モノアシルグリセリン，若干のグリセリンが生成する．生成したグリセリンの大部分と一部の炭素鎖の短い脂肪酸は，門脈の血液中へと移行し，一方モノアシルグリセリンと遊離脂肪酸は腸粘膜に吸収されて，そこで再びトリアシルグリセリンに再合成される．そして，再生したトリアシルグリセリンはタンパク質と結合してカユ状脂肪粒子（カイロミクロン）になり，循環系に入って血液の流れにより肝臓（30％以下），貯蔵脂肪（30％以下），筋肉組織および他の器官（40％以下）へそれぞれ運ばれる．血管を流れている血液は，以上の他に肝臓，貯蔵脂肪から出てきたトリアシルグリセリンおよび遊離脂肪酸をタンパク質との複合体の形で含んでいる．

動物に食物を与えず断食させると，貯蔵脂肪が消費されるが，その場合には貯蔵脂肪から遊離脂肪酸が放出され，タンパク質と結合して体内を循環し，一部は末端組織で酸化的に消費され，一部は肝臓で酸化されたりトリアシルグリセリンに変えられる．

油脂の消化の途中で起こる化学変化は，近年かなり明らかになってきた．図-44に示したように，100分子のトリアシルグリセリン（脂肪酸を計300個もっている）に1,3位特異性をもつ膵臓リパーゼを作用させると，酵素は迅速にグリセリンの1位と3位の第1級水酸基のエステル結合を全部切断（遊離脂肪酸を200個生成）して2-モノアシルグリセリンを作り，2-モノアシルグリセリンのアシル基の一部は，2位から1位（または3位）への転位が起こり，最終的には100分子のトリアシルグリセリンから，72分子の2-モノアシルグリセリン，6分子の1-モノアシルグリセリン，222分子の遊離脂肪酸，22分子のグリセリンが得られる．これらのモノアシルグリセリンと遊離脂肪酸は腸粘膜の中へ入り，2-モノアシルグリセリンへの遊離脂肪酸の直接結合が中心になって，トリアシルグリセリンが再合成される．

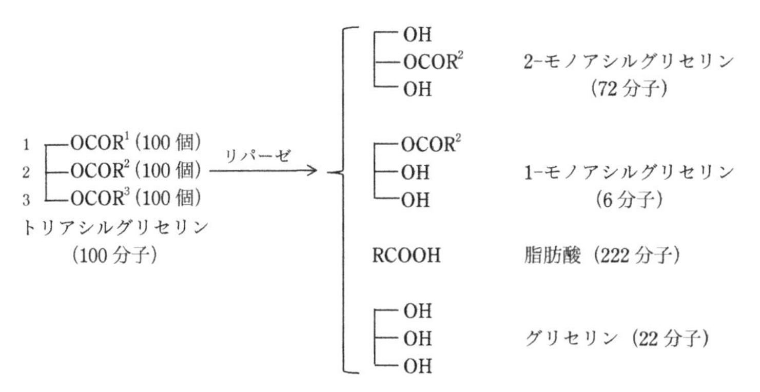

図-44　膵臓リパーゼによるトリアシルグリセリンの分解[1)]

2.　脂肪酸の β 酸化

動植物はエネルギー源として，脂肪を体内に貯える．生物が脂肪から生活エネルギーを取り出すためには，細胞内で酵素の助けを借りて，脂肪を低級化合物へと逐次的に酸化分解し，分解の途中で得られるエネルギーを利用する．

脂肪分解の第1段階は，酵素リパーゼによるグリセリンと脂肪酸への分解である．生じたグリセリンは，別の酵素の作用で炭水化物に変わるか，またはエネルギーに変えられる．

一方，脂肪酸は β 酸化とよばれる1サイクルが4段階の反応からなる酸化サイクルを反復しながら，1サイクルごとに炭素が2個ずつ切り取られて短くなり，最終的にはアセチル化合物になる．

脂肪酸は β 酸化のサイクルに入るに先立って，

① 酵素，補酵素（ATP）の助けで，硫黄を含んだ補酵素（HS-CoA）と結びつく．

② 次にサイクルの第1反応として，酵素，補酵素（FAD）の働きで脱水素され，脂肪酸のカルボキシ基炭素から2番目と3番目，すなわち α 位と β 位の炭素間に二重結合ができる．

③ 酵素の作用で水が付加し，β 位の炭素は水酸化される．

④ 酵素，補酵素（NAD）の働きで，β-ヒドロキシ基は β-ケト基に変えられる．

⑤ 酵素と補酵素（HS-CoA）が働いて，α 位と β 位の炭素間で切断され，炭素数が2個減ったアシル化合物と炭素数2個のアセチル化合物が作られる．

ここに生じたアシル化合物は，反応②にもどって再びサイクルを繰り返し，炭素2個が切り取られる．これを反復してトリアシルグリセリンは次第に分解され，同時にエネルギーを放出する．このようにβ位の炭素の酸化を繰り返すことから，β酸化と名づけられた．図-45はβ酸化の複雑な分解過程を図示したもので，5種類の酵素と4種類の補酵素が関係しており，このような精妙な反応がわれわれの体の細胞内で，たえず進行しているのである．

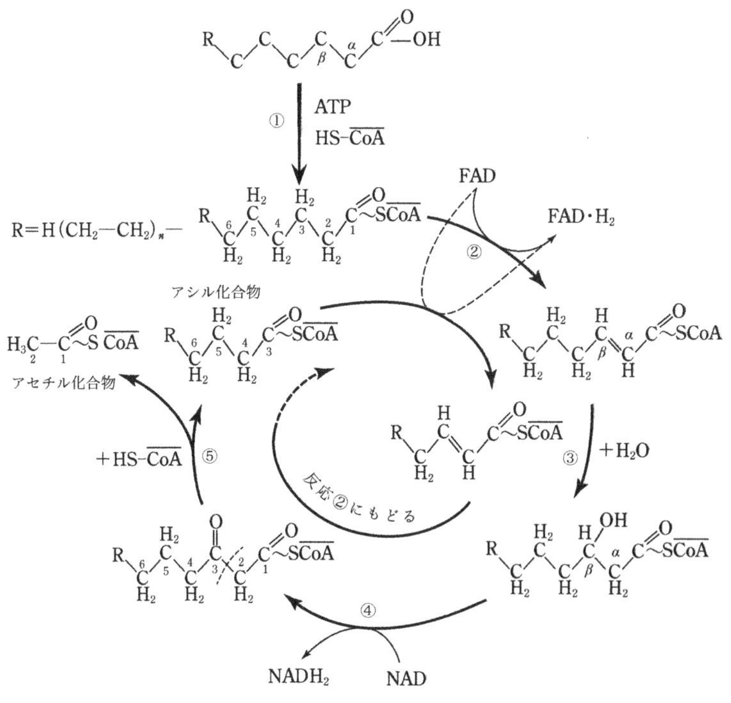

図-45　直鎖脂肪酸のβ酸化[2)]

3. 油脂の生合成

豚にイモ類などの糖質を主成分とする餌ばかり与えても，多量の脂肪組織が作られることから，哺乳動物の場合，油脂以外の食物から体内で油脂が合成されることがわかる．このような生体内での合成作用を生合成という．

3.1 脂肪酸の合成

油脂の生合成は，脂肪酸の合成から始まる．その出発物は，β酸化での最終生成物と同じ炭素2個からなるアセチル化合物（アセチル-CoA）で，この化合物は糖質が体内で分解するときの重要な中間生成物でもある．β酸化の各ステップの反応はすべて逆方向へも進み得ることから，最初の頃は脂肪酸の生合成は，β酸化とまったく逆の経路を経て行われると考えられていたが，実際は少し違っている．

アセチル-CoA（I）は，最初に，二酸化炭素を付加してマロニル-CoA（II）に変わる．IIは非常に活性なメチレン基（$-CH_2-$）をもっていて，これが別のアシル-CoA（III）と容易に結合し，二酸化炭素を放出してβ-ケト酸（IV）になる．図-46で示したように，それ以後の転換は本質的にはβ酸化の逆の経路をたどり，最後にIIIに比べて炭素が2個増加したアシル化合物（V）になる．これが再び別のマロニル-CoAとの反応を繰り返しながら，炭素が2個ずつの単位で炭化水素鎖が延びてゆく．以上の各段階に，酵素，補酵素の働きが必要なことはもちろんである．

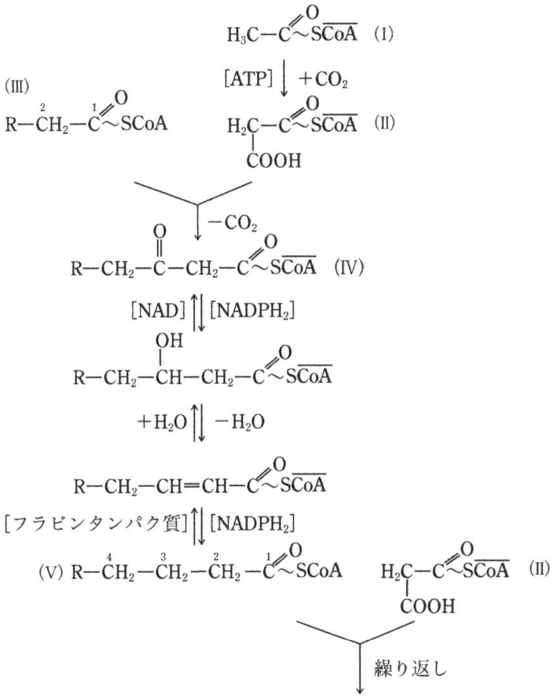

$H_3C-C(=O)\sim S\overline{CoA}$ (I)

[ATP] ↓ $+CO_2$

(III) $R-\overset{2}{C}H_2-\overset{1}{C}(=O)\sim SCoA$ 　　 $H_2C(COOH)-C(=O)\sim S\overline{CoA}$ (II)

↓ $-CO_2$

$R-CH_2-C(=O)-CH_2-C(=O)\sim S\overline{CoA}$ (IV)

[NAD] ⇅ [$NADPH_2$]

$R-CH_2-CH(OH)-CH_2-C(=O)\sim S\overline{CoA}$

$+H_2O$ ⇅ $-H_2O$

$R-CH_2-CH=CH-C(=O)\sim S\overline{CoA}$

[フラビンタンパク質] ⇅ [$NADPH_2$]

(V) $R-\overset{4}{C}H_2-\overset{3}{C}H_2-\overset{2}{C}H_2-\overset{1}{C}(=O)\sim SCoA$ 　　 $H_2C(COOH)-C(=O)\sim S\overline{CoA}$ (II)

↓ 繰り返し

図-46　脂肪酸の生合成[2)]

3.2　アシルグリセリンの合成

このようにしてアシル-CoA 化合物の形で生合成された脂肪酸はトリアシルグリセリン，すなわち油脂に変えられて貯えられる．

脂肪酸のエステル化はグリセリンとの直接反応ではなく，図-47のように，グリセリンはまずグリセリンキナーゼによってリン酸化されてグリセリン 3-リン酸に活性化される．続いて，アシルトランスフェラーゼによって2分子のアシル-CoAが結合してホスファチジン酸に変換された後，ホスファチジン酸ホスホヒドロラーゼによって加水分解されて1,2-ジアシルグリセリンになり，これに，ジアシルグリセリンアシルトランスフェラーゼの作用で第3のアシル-CoAが付加してトリアシルグリセリンが出来上がる．

図-47で，ホスファチジン酸を作る酵素の作用力は，アシル化合物の炭化水素鎖の長さにはあまり関係はないが，C_{16}やC_{18}の脂肪酸の場合，他に比較して速いといわれる．この事実は，天然の油脂にC_{16}およびC_{18}脂肪酸含量の多いことと関係があるかもしれない．

4. 栄養素としての脂質の生理作用

生物体内での油脂の働きは，一般にエネルギー源として理解されているが，しかし，それ以外にも生きてゆくためになくてはならない多くの働きをしている．さらに油脂以外の脂質ともなれば，生体内の存在量は油脂に比べてはるかに少ないが，重要性においては勝るとも劣らない多くの生理作用を営んでいる．なかにはあまりにも微量であるために，最近ようやくその生理作用の一部がわかってきた脂質もある．これらの働きをまとめてみよう．

4.1 エネルギー源

ヒトは必要なエネルギーを脂質，糖質，タンパク質から得ているが，脂質の有効エネルギーは9 kcal/gで，糖質やタンパク質の4kcal/gを大きく上回っている．エネルギー源として利用される脂質は主として貯蔵性の油脂である．脂質の供給エネルギーが，他の栄養素

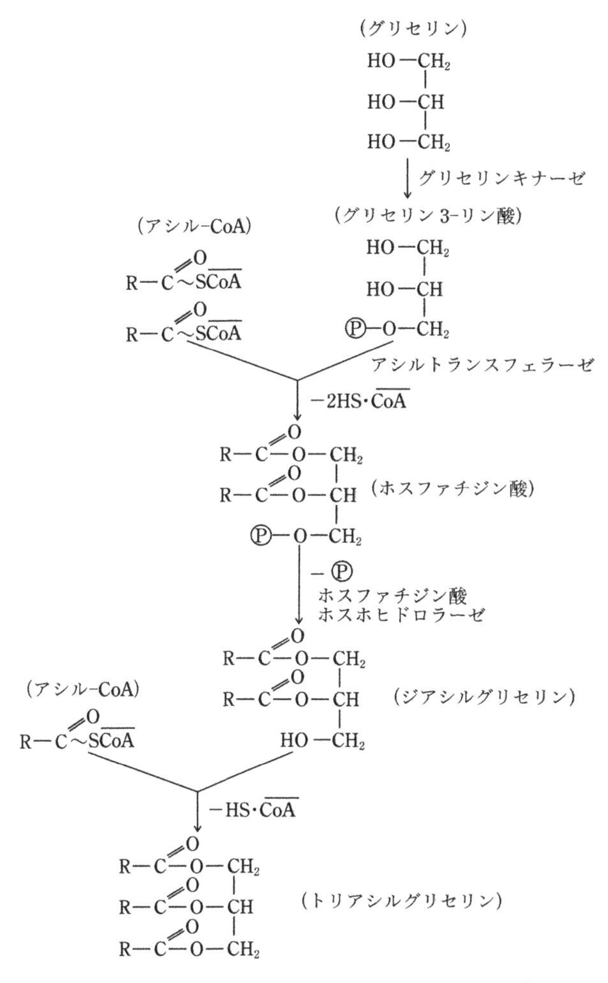

図-47　脂肪酸からトリアシルグリセリンの合成[2)]

より大きいということは，一定量の熱量を得るために食べねばならぬ食物の量が少なくてすむことを意味し，脂質の多い食事は消化器の負担を軽くすることになる．また，脂質は糖質やタンパク質に比べて消化に時間がかかるので，脂質の多い食物は腹持ちがよい．

4.2　生体膜構成物質

生物の体細胞を形作っている細胞膜や，細胞内にあって多種多様の合成・分解反応を行っている顆粒成分の膜は，主としてタンパク質と脂質からなるリポタンパク質である．脂質成分としてはリン脂質が最も多いが，そのリン脂質には必ず必須脂肪酸（リノール酸と α-リノレン酸）が含まれていて，必須脂肪酸の構造が膜の機能と密接な関連をもっている．そして現在では，必須脂肪酸は生体のほとんどすべての反応に欠くことができないとも考えられている．したがって，胎児あるいは乳児期のような器官の形成期には，生体膜合成のために多量の必須脂肪酸が必要である．

4.3　必須脂肪酸の供給源

不飽和脂肪酸のなかで，リノール酸，α-リノレン酸，アラキドン酸などは動物の栄養素としての機能以外に，他の脂肪酸で代用できない独特の生理作用をもっている．

リノール酸をまったく含まない餌でネズミを飼うと成長が遅れ，皮膚が角質化し，尾部の出血，腎臓障害，代謝亢進などの症状が現れる．餌にリノール酸を加えておけば，このような症状を予防することができる．この事実は最初にネズミを使った実験で発見されたが，現在ではリノール酸はヒトや家畜類の健康維持のための栄養素として食餌中に欠けてはならない成分とされている．動物が食物からリノール酸を摂取しなければならない理由は，動物の体内で自ら合成することができないからであり，必須脂肪酸とよばれるのはそのためである．

必須脂肪酸の働きをするものは，不飽和脂肪酸のうちのごく一部に限られ，*n*–6系脂肪酸に分類されるリノール酸（アラキドン酸は生合成される量が少なく，Burr夫妻らによって必須脂肪酸が見出された当初は必須脂肪酸として扱われていたために，今日でも必須脂肪酸とすることがある）と*n*–3系脂肪酸に分類される*α*–リノレン酸はその作用が強い．なお，*n*–6系や*n*–3系という分類は，*n*個の炭素数をもつ脂肪酸の末端メチル基から数えて最初の二重結合を6番目にもつ脂肪酸を*n*–6系と言い，3番目に二重結合をもつ脂肪酸を*n*–3系と言う．ラットについて，天然脂肪酸と合成脂肪酸を用いて，化学構造と必須脂肪酸としての活性との関係を調べた結果は，表–32のとおりであった．この表から，活性には二重結合の位置と炭素数の両者が関係していることがわかる．

表–32によれば，われわれが日常的に摂取する食物に広く分布し

表–32　不飽和脂肪酸の生物活性の比較[3)]

脂肪酸の名前	脂肪酸の構造	生物活性
リノール酸 (*n*–6)	$CH_3(CH_2)_4CH{=}CHCH_2CH{=}CH(CH_2)_7COOH$	100
α–リノレン酸 (*n*–3)	$CH_3CH_2CH{=}CHCH_2CH{=}CHCH_2CH{=}CH(CH_2)_7COOH$	9
γ–リノレン酸 (*n*–6)	$CH_3(CH_2)_4CH{=}CHCH_2CH{=}CHCH_2CH{=}CH(CH_2)_4COOH$	115
アラキドン酸 (*n*–6)	$CH_3(CH_2)_4CH{=}CHCH_2CH{=}CHCH_2CH{=}CHCH_2CH{=}CH(CH_2)_3COOH$	130

ているα–リノレン酸の活性は，*n*–6系脂肪酸であるリノール酸やγ–リノレン酸の1/10程度に過ぎない．しかし，最近，ラットの脳や網膜など，特定の組織でα–リノレン酸およびそれから生合成されるエイコサペンタエン酸（EPA, $C_{20:5}$, *n*–3）やドコサヘキサエン酸（DHA, $C_{22:6}$, *n*–3）が，特異な役割を果たしていることが確かめられ，α–リノレン酸も食餌成分として不可欠な必須脂肪酸であることが再確認されている．なお，動物の体内では，リノール酸からγ–リノレン酸を経て少量ながらアラキドン酸が作られることもわかっているので，食物から摂取する必須脂肪酸としては，それぞれ*n*–6系と*n*–3系の基本脂肪酸であるリノール酸とα–リノレン酸を考えればよい．

4.4　エイコサノイド［Eicosanoid, イコサノイド（Icosanoid）］の合成原料としての高度不飽和脂肪酸

1935年にスウェーデンのvon Eulerによってヒトの精液から血圧降下作用や平滑筋収縮作用をもつ低分子の生理活性物質が発見され，プロスタグランジン（Prostaglandin, PG）と名付けられたが，その後，30種類以上の同族体が見出され，さらにロイコトリエン（Leukotriene, LT）やトロンボキサン（Thromboxane, TX）など種々の類縁体も数多く発見され，それらの生理活性脂質が炭素数20の化合物群であるためエイコサノイドと総称されている．エイコサノイドに分類される化合物の特徴はプロスタグランジン類が五員環を有し，二重結合を2つしか持たず，ロイコトリエンは環構造がなく，二重結合を4つ持ち，トロンボキサンは酸素を含む六員環を骨格に持ち，二重結合を2つ持つ．一連のエイコサノイドの生合成に必要

な高度不飽和脂肪酸はn-3系必須脂肪酸のα-リノレン酸とn-6系必須脂肪酸のリノール酸であり，これらを出発原料として下記のように代謝され，エイコサノイドが形成される．

n-3系脂肪酸の代謝経路とエイコサノイドの形成

オクタデカトリエン酸（9,12,15-$C_{18:3}$, α-リノレン酸）

↓…Δ^6不飽和化酵素

オクタデカテトラエン酸（6,9,12,15-$C_{18:3}$）

↓…鎖長延長酵素

エイコサテトラエン酸（8,11,14,17-$C_{20:4}$）

↓…Δ^5不飽和化酵素

エイコサペンタエン酸（5,8,11,14,17-$C_{20:5}$, EPA）

⇒ PGD_3, PGE_3, PGF_{3a}, PGI_3, TXA_3, LTA_5など

↓…鎖長延長酵素

ドコサペンタエン酸（7,10,13,16,19-$C_{22:5}$, DPA）

↓…Δ^4不飽和化酵素

ドコサヘキサエン酸（4,7,10,13,16,19-$C_{22:6}$, DHA）

n-6系脂肪酸の代謝経路とエイコサノイドの形成

オクタデカジエン酸（9,12-$C_{18:2}$, リノール酸）

↓…Δ^6不飽和化酵素

オクタデカトリエン酸（6,9,12-$C_{18:3}$, γ-リノレン酸）

↓…鎖長延長酵素

エイコサトリエン酸（8,11,14-$C_{20:3}$）⇒ PGE_1, PGF_{1a}, TXA_1など

↓…Δ^5不飽和化酵素

エイコサテトラエン酸（5,8,11,14-$C_{20:4}$, アラキドン酸）

⇒ PGD_2, PGE_2, PGI_2, TXA_2, LTA_4など

↓…鎖長延長酵素

ドコサテトラエン酸（7,10,13,16-$C_{22:4}$）

↓…Δ^4 不飽和化酵素

ドコサペンタエン酸（4,7,10,13,16-$C_{22:5}$）

エイコサノイドの生理作用はホルモンに似ているといわれるが，非常に多彩でその全容はまだ明らかにされていない．今までに知られている血圧調節や平滑筋収縮作用などの作用のほか，血小板凝集抑制作用，脳神経細胞の情報伝達，老化，炎症やアレルギー反応にも関与していることが報告されている．

現在，我が国では *n*-6 系脂肪酸 /*n*-3 系脂肪酸の摂取比率は 3：1～4：1 程度が望ましいとされている．

4.5　血中脂質レベルの調節作用

血清脂質，特にコレステロールの含量が異常に高くなると動脈硬化症を起こしやすくなるが，リノール酸あるいはリノール酸の豊富な植物油をバランスよく摂取することにより，血清コレステロールの値が低下する．これはリノール酸の役割の 1 つである脂質運搬作用に基づくものとみなされるが，成人病の予防と治療にもかかわる重要な作用である．ISSFAL（International Society for the Study of Fatty Acids and Lipids）では，2004 年にリノール酸の 1 日当たりの適正な摂取量は全カロリーの 2%（4～5g）としており，2010 年版の日本人の食事摂取基準では 1 日当たり 9g 前後が適正であるとしている．しかし，日本人の 1 日当たりの平均的なリノール酸摂取量は 13～15g であり，過剰摂取が懸念されている．

4.6 タンパク質とビタミンの節約作用

エネルギー源である脂質，糖質の摂取が少ない場合には，タンパク質がエネルギー源として利用される量が多くなる．逆に脂質の摂取量が多ければ，食物タンパク質は本来の働きである体タンパク質の合成に使われる．つまり，脂質はタンパク質の節約作用をもつことになる．

また，糖質の代謝にはビタミン B_1 が必要であるが，脂質の多い食事では糖質の摂取が少なくて済むので，ビタミン B_1 の消費を節約することができる．

4.7 脂溶性ビタミンの吸収利用の促進

脂溶性ビタミンとは水に溶けにくく，油脂に溶けやすいビタミンの総称であり，ビタミンA，ビタミンD，ビタミンE，ビタミンKがある．これらのビタミン類やビタミンAの前駆体である α-カロテンおよび β-カロテンは油脂の精製度合いによって量の多少はあっても含まれることがある．また，脂溶性ビタミンはそれらを含有する食材を水洗いしたり，加熱調理する際の損失が少なく，油脂と一緒に調理すると油脂に溶解するので，摂取・吸収効率が高まる．しかし，脂溶性ビタミンを過剰摂取すると，水溶性ビタミンのように尿中に移行して排出されることはないので注意する必要がある．

4.8 過酸化油脂の毒性

昭和43（1968）年秋，福岡県，長崎県を中心にカネミ倉庫(株)のコメ油中毒事件（カネミ油症事件）が発生した．事件発生の直後は，原因のわからぬままに天然のコメ油に対する大きな不安を消費者に与えたが，政府機関，業界の努力により中毒の原因物質はコメ油そのものではなく，誤ってコメ油に混入した有機塩素化合物（ポリ塩化ビフェニル，PCB）が加熱によって変化したダイオキシン類の一種であるポリ塩化ジベンゾフラン（PCDF）であることが判明した．その後，関係当局ならびに業界をあげて対策に万全を期しているから，このような重大な過失が再び繰り返されることはないと信じる．しかし，この事件を契機として食用油脂に対する食品衛生上の世間の関心が異常に高まったことは当然であろう．油脂について正しい食品知識をもつことは必要であるが，行きすぎた不安や誤解は避けねばならない．

食品衛生の立場からすれば，酸化した油脂が人体に及ぼす生理作用に関心を払わねばならないが，この点に関して一般に正しい認識がゆきわたっているとはいえない．

熱重合および自動酸化の項（VI，6.，90〜93ページ，7.，94〜103ページ）ですでに詳しく記したように，油脂の加熱酸化や自動酸化は複雑な過程を経て進行し，酸化を促進するような条件下では多種類の酸化物が作られる．そのなかには明らかに毒性を示すものがある．しかし，そのような有毒物質の多くは極端に過酷な条件で油脂を酸化したときに生成するのであって，食用油脂の貯蔵，調理など日常の取り扱いにおいて発生する酸化とは区別して考える必要がある．ただし，油脂を用いて加工した市販保存性食品の場合には，流通の途中できびしい条件にさらされることもあるので特別の注意が必要である．ここでは，酸化油脂を3つのタイプに分けて問題を整理してみよう．

常温で自動酸化した油脂　自動酸化により最初に種々の過酸化物

のうち主にヒドロペルオキシドが生成する．ヒドロペルオキシ基が結合している母体は不飽和脂肪酸である．酸化が進むとヒドロペルオキシドは分解して，各種の低級酸化物に変化する．

構成脂肪酸として高度不飽和脂肪酸を多く含む魚油を餌料に加えて動物試験を行った結果によると，過酸化物価の低い新鮮な魚油はなんらの毒性も示さないのに，自動酸化して過酸化物価を高くした魚油を餌に加えると，過酸化物価の程度に応じて成長が阻害され，ついには死に至った．すなわち，毒性の強さは過酸化物含量に比例する．ネズミの場合には，PV が 100meq/kg の油脂を餌に 15%程度加えて飼育しても，成長の速さや外観にはなんらの影響も現れないが，PV が 400meq/kg の過酸化油脂では成長が止まり，PV が 1,200meq/kg では短時日で死亡したという実験がある．

この例でわかるように，動物に対する過酸化物の毒性は摂取する量が問題であって，ある限界量までは毎日過酸化物を食べても問題はないが，限界量を越した時に障害が起こる．それは，生物の体内に過酸化物を分解し，あるいは無毒化する反応系があって，限界量以内の過酸化物の摂取は許されるが，それを超えると処理しきれなくなるからである．生体内の各組織には必須脂肪酸を主とする不飽和脂肪酸が広く分布していると同時に，呼吸によって多量の酸素を取り込んでいる生体内では自動酸化や酵素が介在した酸化がたえず起こって過酸化物が作られているはずである．最近の研究によると，生体内での過酸化脂質の生成が肝臓病や動脈硬化などの病因となり，さらには老化やガンの発生というような複雑な生命現象にも関係することが明らかにされている．ヒトの場合，過酸化物の許容限界量については個人差もあり，摂取する頻度も関係するのでいろいろ論議されているが，長期間にわたり毎日摂取する場合は別として，PV が 20meq/kg 以下ならば安全と考えてよいだろう．

ところで，食用油脂が製造されてから消費者にいたる流通過程，さらに消費者にわたってから消費されるまでの取り扱いを考えた場合，保存状態・期間，容器の種類などに関係なく油脂の PV が 20meq/kg を超えることはまれであろう．20meq/kg を超えた油脂があったとすれば，よほど特殊な悪条件が重なった場合であって，通常の常温自動酸化の範囲外であると思われる．実際にわれわれが日常使用している食用油脂の PV を測定してみても 10 meq/kg 以下が大部分で許容量をはるかに下回っており，過酸化物の毒性を心配する必要はほとんどない．なお，過酸化物は熱に弱く 100℃以上に加熱すると分解するから，加熱調理の場合には大部分が分解して種々の二次酸化生成物に変化するので，それらの毒性を考慮しなければならない．

油脂を含有する加工食品の酸化　油脂含有加工食品の種類ははなはだ多い．原料自身の油脂を含有するものに魚介類の乾物，薫製類，ナッツ類などがあり，加工時に油脂を加えるものとしてフライ製品(揚げせんべい，あられ，かりんとう，ポテトチップ，ドーナッツ，油揚げ，天ぷら，即席めんなど)，練り込み製品（各種洋菓子，和菓子，マヨネーズ，アイスクリームなど）があり，油脂が主体となるものに，バター，マーガリン，ショートニングなどがある．

このなかで，バター，マーガリン類は食用油脂単体と同様に考えられ，練り込み製品はなま物が多く，保存される心配は少ないから，加工食品で油脂の酸化が問題になるのは，長期間店頭にさらされる可能性のある乾物類とフライ製品にしぼられる．

ポリエチレンや塩化ビニルのようなプラスチックフィルム，セロファンなどの透明な簡易包装材料の普及は，食品のインスタント化と相まって，これら加工食品の流通，消費を大いに促進したが，他面，食品に含まれる油脂にとっては好ましくない条件が増えた結果になった．

一般に，乾物やフライ製品は加工途中で水分を蒸発させているから，食品の組織が膨潤し多孔質で空気との接触面積は非常に大きくなっている．その上，透明な包装袋では，終始，直射日光，蛍光灯などにさらされることになる．つまり，自動酸化を促進する条件が重なっている．

製造業者はこのような加工食品に含まれる油脂の酸化を防ぎ，保存性を高める努力をしていることはもちろんである．例えば，不飽和脂肪酸含量の少ない安定な油脂を使用し，酸化防止剤を適正に加え，あるいは酸化防止能の高い天然の香辛料をうまく配合するなどの対策を講じているから，過度に神経質になる必要はないが，油脂単体に比べると加工食品に含まれる油脂の酸化は，かなり速いと考えねばならない．はなはだ極端な例で，実際にはあり得ないことであるが，魚の乾物や揚げせんべいを毎日日光にさらしながら1〜2か月も放置した後，含有油脂を抽出してPVを測定してみると，数百〜数千meq/kgに達することがある．これを食べれば急性中毒を起こすことは間違いないが，このように過度に酸化した食品は刺激性の味と臭気を発生し，まずくてとても食べられないはずである．

なお，世界的に消費量が大きく伸びている即席めん類はフライ加工する場合もあるので，食品衛生法で品質や保存法が規定されており，成分規格として「含有油脂の酸価は3以下，または過酸化物価が30meq/kg以下」, 保存基準として「直射日光を避けて保存すること」となっている.

食品加工技術の進んだ今日においては, 油脂含有加工食品の油脂の酸化にもとづく中毒は, よほどの悪条件が重ならない限り起こる心配はないが, 味のよい油脂含有加工食品を食べるには, できるだけ新鮮な製品を選び, 保存するときは光線の通らない金属缶に入れ, 冷蔵庫に入れることが望ましい.

高温加熱で酸化した油脂　熱重合の項に記したように, 油脂を200℃以上の高温で長時間加熱すると, 環状二量体などの重合物が生成する. ネズミを用いた試験ではこのような重合物は明らかに毒性をもっている. しかし, このような毒性試験を行う場合には重合物の作用を明確にとらえるために, 油脂を長時間にわたって極端な高温加熱をして多量の重合物を作って実験試料とするのが常である. 通常のフライ条件では人体に毒性を示すほどの量の重合物が生成することはまずないと考えられるが, 同一の油脂を数回も繰り返して使用し, 油脂が冷えた後に明らかに粘度の増加が認められるものは, 使用せずに捨てた方が安全である.

業務用のフライ作業では, 多量のタネ物を連続式にフライするから油脂の減りが速く, 新油の追加が頻繁に行われるので重合物の心配はほとんどない. ただし, 油脂が局部的に過度に加熱されると劣化が著しく促進されるから, 加熱方法には注意を要する.

参考資料

1) F.D.Gunstone, An Introduction to the Chemistry and Biochemistry of Fatty Acids and their Glycerides, Chapman & Hall, London (1967)

2) P.Karlson, Introduction to Modern Biochemistry, Academic Press, New York (1963)
3) Fette, Seifen, Anstrichmittel

X　機能性油脂の現状と可能性

機能性油脂とは「食品中の油脂は生体エネルギー源として大切な他に，摂取後に吸収，代謝を受けて生理活性をもつ重要な生体内脂質成分へと変換されたり，それ自身が生理活性に影響を与えて役立つものがある．これら生理活性をもつ油脂自身，あるいは生体機能に影響を与える油脂の総称」と日本油化学会編『油化学辞典』[1]に説明されている．

天然油脂を構成する脂肪酸は，3価アルコールであるグリセリンの水酸基にランダムに結合しているのではなく一定の規則性をもってエステル結合していることや，脂肪酸の消化吸収や栄養機能がグリセリンに結合する位置の影響を受けることが明らかにされてから，機能性油脂の範疇（はんちゅう）に構造脂質（Structured Lipid）と呼ばれるものが加えられた．これは狭義には脂肪酸の機能を効果的に発揮させるために，グリセリン分子の特定の位置に特定の脂肪酸を組み込んだトリアシルグリセリン（TAG）を言い，広義にはTAGの結晶構造や界面配向性［水と油のような混じり合わない2液の界面に作用する親水基と親油基（疎水基）の並び方（配向性）を調整し乳化特性を制御する］などの物性，あるいは酸化安定性をも考慮して合成した油脂を言う．それ故，現在利用されている機能性油脂の多くは天然油脂を加工した構造脂質である．

1.　構造脂質の種類

1)　化学構造による分類

構造脂質を構成する脂肪酸をA，B，Cで示すと，グリセリンの*sn*-1,2,3位に結合する仕方によって，1種類の脂肪酸が*sn*-1,2,3位に結合した場合（例：AAA型），2種類の脂肪酸が*sn*-1,3位と*sn*-2位に結合した場合（例：ABA型），2種類の脂肪酸が*sn*-1,2位と*sn*-3位に結合した場合（例：AAB型）および3種類の脂肪酸が*sn*-1,2,3位に結合した場合（ABC型）の4種類に分類できる．

2)　機能による分類

油脂製品のレオロジー特性（食感や風味，外観など）を改善した油脂，消化・吸収性を高めた易吸収性油脂，難吸収性あるいは蓄積しにくい脂肪酸で構成される低カロリー油脂，脂質代謝改善油脂，酸化安定性を高めた油脂などに分類できる．

現在，注目されているものには*sn*-1位と*sn*-3位に中鎖脂肪酸を，*sn*-2位に必須脂肪酸であるリノール酸あるいは*n*-3系多価不飽和脂肪酸を結合させた油脂がある．

2.　機能性油脂の上市状況

油脂の過剰摂取による肥満や生活習慣病が問題視されてから，久しい年月が経っているが，それらの予防を目的に種々の機能性食用油脂が開発され，特定保健用食品（保健機能食品，特保）に認定されている．

平成17（2005）年に農林水産省が1,021名の主婦を対象に行った食用植物油の消費実態調査[2)]（1,012名回収，回収率99.1％）によると，約半数の消費者が健康や栄養面を考慮して食用油を選択しており，植物油独特の風味も重視して料理によって使い分けしていると回答している．食用油に対するこのような消費者の健康・栄養・嗜好への志向の高まりを受けて，機能性油脂の市場が拡大している．

平成11（1999）年にその先陣を切ったジアシルグリセリン油は通常のトリアシルグリセリン油と比較して，食後の血中中性脂肪の上昇を抑制し，長期間摂取しても内臓脂肪の増加を抑制する“脂肪がつきにくい食用油”として注目された．しかし，ジアシルグリセリン油製造過程で発ガン性が懸念されるグリシドール脂肪酸エステルが通常の油脂より多く副生することが判明して，平成21（2009）年にその製造が自粛された．

また，2003年頃には油脂本来のトリアシルグリセリン構造をもちながら体脂肪が蓄積されにくい油脂として，構成脂肪酸に中鎖脂肪酸を約10％酵素反応により組み込んだ機能性食用油も登場している．中鎖脂肪酸は摂取すると体内でエネルギーとして分解されやすく，手術後の流動食や未熟児のエネルギー補給などに以前から利用されていたが，長期栄養試験をヒトを対象として行った結果，体脂肪として蓄積されにくいことが明らかにされている．

ほぼ時を同じくして，機能性油脂としてコレステロールの吸収を抑制する効果をもつ食用油が市場に出回るようになった．これらは大豆やコメなどの植物胚芽に含まれる植物ステロール（例えば，β-シトステロール）を配合した製品が多い．通常，食事で摂取したコレステロールは胆汁酸と結合して体内で吸収されるが，植物ステロールはコレステロールよりも胆汁酸と結合しやいため，胆汁酸と結合できなかったコレステロールが対外に排出されることになる．

3. 天然油脂の機能性

天然油脂にはヒトの健康維持に欠くことのできない必須脂肪酸をはじめ種々の機能をもつ脂肪酸が構成脂肪酸として含まれているが，それらの脂肪酸の割合が高い油脂を高機能性油脂と呼ぶことがある．

1) 高オレイン酸（ハイオレイック）油脂

n-9 系脂肪酸であるオレイン酸（$9c$-$C_{18:1}$）は高密度リポタンパク質（High Density Lipoprotein, HDL；善玉コレステロール）を維持しながら，低密度リポタンパク質（Low Density Lipoprotein, LDL；悪玉コレステロール）や中性脂肪を低下させ，動脈硬化を予防し，脳梗塞や心筋梗塞の危険性を下げると言われている．オレイン酸は動植物油脂に広く分布しており，自動酸化安定性や熱安定性に優れ加熱調理時に油酔いしにくい．オレイン酸含量の多い油脂には表-33のようなものがある．

表-33　オレイン酸含有油脂

種　　類	含有率(%)
ハイオレイックヒマワリ油	80
ハイオレイックサフラワー油（紅花油）	78
オリーブ油	75
ナタネ油（キャノーラ油）	53
ラッカセイ油	50

2)　高リノール酸（ハイリノレイック）油脂

n-6 系脂肪酸であるリノール酸（$9c,12c$-$C_{18:2}$）はヒトが生合成できない必須脂肪酸であるため，天然油脂から摂取しなければならない．リノール酸は細胞や組織を形成する成分であるとともに，生理活性脂質としてヒトの成長と正常な生理機能を維持し，血中コレステロールや中性脂肪を下げる作用をする．しかし，過剰摂取すると過酸化脂質の生成に結びつき，不足すると成長阻害や皮膚障害を生じる．リノール酸含量の多い油脂には表-34 のようなものがある．

表-34　リノール酸含有油脂

種　　類	含有率(%)
サフラワー（紅花）油（ハイリノール型）	78
ヒマワリ油	69
グレープシードオイル（ブドウ種子油）	68
綿実油	55
大豆油	53
トウモロコシ油	52
ゴマ油	45

3)　高 α-リノレン酸油脂

n-3 系脂肪酸であるα-リノレン酸（$9c,12c,15c$-$C_{18:3}$）はリノール酸と同様に必須脂肪酸であり，細胞膜や組織を形成する成分であるとともに，生理活性脂質としてヒトの成長や正常な生理機能を維持する上で欠くことのできない脂肪酸である．α-リノレン酸は生体内代謝でドコサヘキサエン酸（Docosahexaenoic acid, DHA）やエイコサペンタエン酸（Eicosapentaenoic acid, EPA）になり，血液をサラサラにする（抗血栓作用）のみならず，DHA は脳や神経系の発育と機能維持にも必須である．また，α-リノレン酸を多く含む油脂を摂取するとアレルギー物質の産生を抑制し，花粉症やアトピー性皮膚炎の症状を緩和すると言われている．α-リノレン酸含量の多い油脂には表-35のようなものがある．

表-35 α-リノレン酸含有油脂

種 類	含有率(%)
シソ油	62
アマニ油	59
ナタネ油	13

4) 高γ-リノレン酸油脂

n-6系脂肪酸であるγ-リノレン酸（6c,9c,12c-$C_{18:3}$）は母乳に含まれる栄養素として貴重な脂肪酸であり，アトピー性皮膚炎の症状の緩和，コレステロール濃度の調整，アルコール代謝改善，生理痛の改善，痛風や関節リウマチの症状緩和など，多くの生理活性作用が認められている．γ-リノレン酸含量の多い油脂には表-36のようなものがある．

表-36 γ-リノレン酸含有油脂

種 類	含有率(%)
ボラージオイル	21
月見草油	9

5) エイコサペンタエン酸（EPA)・ドコサヘキサエン酸（DHA）含有油脂

エイコサペンタエン酸（5c,8c,11c,14c,17c-$C_{20:5}$）とドコサヘキサエン酸（4c,7c,10c,13c,16c,19c-$C_{22:6}$）は共にn-3系高度不飽和脂肪酸に属し，青魚から搾油した油脂に多く含まれる．エイコサペンタエン酸は生理活性物質であるエイコサノイド（プロスタグランジン，トロンボキサン，ロイコトリエンなど）の前駆体であり，血小板凝集抑制作用がある．閉塞性動脈硬化症や高脂血症の治療薬として使用されている．

ドコサヘキサエン酸の摂取は中性脂肪量を減少させ，心臓病の危険を軽減すると言われている．エイコサペンタエン酸とドコサヘキサエン酸含量の多い油脂には表-37のようなものがある．

表-37　EPAおよびDHA含有油脂[3)]

種類	含有率（%）	
	EPA	DHA
イワシ油	18.5	11.3
メンヘーデン油	14.1	8.1
サワラ	6.3	15.5
スズキ	11.0	12.5
サンマ	6.4	10.6
マグロ（脂身）	6.4	14.3
ヨシキリザメ	3.6	24.0

6)　共役リノール酸含有油脂

リノール酸の位置および幾何異性体である共役リノール酸（Conjugated linoleic acid, CLA, $9t,11t$-$C_{18:2}$, $10t,12c$-$C_{18:2}$など）は反芻（はんすう）動物の胃中の微生物により合成されるため，主に反芻動物の肉や乳中の脂肪に含まれる．また，リノール酸のアルカリ異性化によって合成できる．1978年に米国ウィスコンシン大学のMichael W. Parizaがハンバーグの炭化物中に強い抗ガン物質を発見し，その主成分として同定された．種々の保健効果をもち，脂質代謝調節，体脂肪燃焼，発ガン抑制，免疫調節などの諸効果が報告されている．共役リノール酸含量の多い食品には表-38の

表-38　共役リノール酸含有食品

種類	含有率(%)
牛肉	0.29
牛乳	0.55
羊肉	0.56

ようなものがある．

7) 共役リノレン酸含有油脂

リノレン酸（$C_{18:3}$）型の共役トリエン酸を共役リノレン酸（Conjugated linolenic acid, CLN, $C_{18:3}\ \Delta^{9,11,13}$）と言い，多種類の異性体が存在する．キリ油の主構成脂肪酸である α-および β-エレオステアリン酸（α 体；$9c,11t,13t$-$C_{18:3}$, β 体；$9t,11t,13t$-$C_{18:3}$）にガン細胞に対する細胞毒性があること，ニガウリ種子油にラット大腸ガンに対する予防効果があることが報告されている．共役リノレン酸含量の多い油脂には表-39のようなものがある．

表-39 共役リノレン酸含有油脂

種　　類	含有率(%)
キリ油（α-エレオステアリン酸：$9c,11t,13t$-$C_{18:3}$）	80
ザクロ種子油（プニカ酸：$9c,11t,13c$-$C_{18:3}$）	60
ニガウリ種子油（α-エレオステアリン酸：$9c,11t,13t$-$C_{18:3}$）	51

4. 機能性油脂の将来

医学の進歩と共に食生活と生活環境の改善が急速に進み，長寿社会が加速度的に進行している我が国では治療医学のみならず，予防医学に対しても関心が高まっている．それに伴って食生活に大きな役割を果たしている脂質について，新たな機能を見出すべく，活発な研究が行われている．

ヒトは古来，天然物を活用して，より豊かな生活を手に入れるための努力をしてきたが，その歴史は，自然界に多量に存在し，入手しやすいものから利用してきた．油脂についても生産量の多いナタネ油，大豆油，パーム油をはじめ多くの動植物油脂が三大栄養素の1つとして利用されており，それらの油脂を構成する脂肪酸の個々の機能が詳細に明らかになるにつれて，品種改良がなされてきた．そして，油脂や脂肪酸以外の脂質の機能についても着目され，まず大豆油の脱ガム工程で得られるリン脂質が乳化剤として利用されるようになった．その後，ホスファチジルコリン（レシチン）の認知機能向上効果や肝機能障害の改善効果，ホスファチジルエタノールアミン（セファリン）の細胞膜構成成分としての役割などが活用されるようになってきた．しかし，その他のグリセロリン脂質［ホスファチジルイノシトール，ホスファチジルセリン，ホスファチジン酸，ホスファチジルグリセロール，ジホスファチジルグリセロール（カルジオリピン）など］の生理機能が次々と明らかにされているにもかかわらず，分離・精製法や製法が未だ確立されていないため活用されていない．さらに，ヒトにとって，グリセロリン脂質以外の唯一の膜リン脂質であり，体内に存在するスフィンゴ脂質の約85％を占めるスフィンゴミエリンはじめ種々の糖脂質，硫脂質や，表-40に示すような天然微量成分の有効利用の道は今後進展するものと期待している．

それ故，今後の機能性脂質の活用は自然界に存在する微量の脂質成分の工業的な単離法の開発があってはじめて実現することになる．

表-40 植物油脂に含まれる機能性脂質成分

油　脂	機能性成分	生　理　機　能
コメヌカ油	γ-オリザノール	コレステロール降下作用
	トコトリエノール	コレステロール降下作用，抗ガン作用
	シクロアルテノール	コレステロール降下作用
	フェルラ酸	コレステロール降下作用，抗ガン作用，酸化防止作用
ゴマ油	セサミノール	酸化防止作用
	セサミン	肝機能亢進作用，アルコール分解促進作用，コレステロール降下作用，抗ガン作用，リノール酸代謝阻害作用，降圧作用，エイコサノイド産生に対する干渉作用，脂肪酸酸化促進作用，免疫機能調節作用
パーム油	トコトリエノール	コレステロール降下作用，抗ガン作用
	カロテノイド（α-, β-カロテン）	抗ガン作用，酸化防止作用
植物油一般	植物ステロール	コレステロール降下作用
	植物スタノール	コレステロール降下作用

参考資料

1) 日本油化学会編，油化学辞典，丸善 (2004)

2) 農林水産省，植物油の消費実態について http://www.maff.go.jp/j/heya/h_moniter/pdf/h1701.pdf

3) 日本水産油脂協会（http://www.suisan.or.jp/html/Page.htm）
魚油 http://www3.ocn.ne.jp/~eiyou-km/newpage152.htm

4) 油屋 .com（カネダ（株）提供）
「油の科学」http://www.abura-ya.com/

XI 界面活性剤

接触している液体-液体，気体-液体，固体-液体などの界面エネルギーを大きく変化させ，界面の物性に変化をもたらす物質を界面活性剤（Surface Active Agent, Surfactant, Detergent）と言う．その分子構造は水になじみやすい親水基と油になじみやすい疎水(親油)基からなる比較的低分子の化合物であり，両親媒性化合物と言われることもある．

1. 界面活性剤の作用

界面活性剤の作用は次のように分類することができる．

1) 乳化・分散作用：互いに溶解しないものを均一に混合する作用．
2) 湿潤・浸透作用：濡れやすく，染み込みやすくする作用．
3) 洗　浄　作　用：衣類・食材・食器・身体などの汚れを落とす作用．
4) 柔軟・平滑作用：繊維や皮革などを柔らかくしたり，滑りをよくする作用．
5) 帯電防止作用：繊維の静電気を防ぐ作用．
6) 防　錆　作　用：金属の錆を防ぐ作用．
7) 均染・固着作用：染色において染めむらや色落ちを防ぐ作用．

8) 殺　菌　作　用：細菌を死滅させる作用.

2. 界面活性剤の主な性質

界面活性剤は種々の作用をもたらすが，その基本的な作用は次のような性質に基づく.

1) 界面（表面）張力の低下
   ① 混ざり合わない液体同士を均質化する乳化作用
   ② 液体と固体を均質化する分散作用
   ③ 液体と気体を均質化する起泡作用
2) 吸着およびミセルの形成
   ① 水に溶解している界面活性剤は水の内部よりも表面に集まりやすい性質をもっているが，これを吸着という.
   ② 水中の界面活性剤濃度を高くしてゆくと，水面は界面活性剤分子で満員になり，水中で親水基を水側（外側）に，疎水基を内側に向けた集団（ミセル）を形成する.

3. 界面活性剤が活用される分野

界面活性剤は人の日常生活において広く利用されているが，その活躍する分野には次のようなものがある.

1) 清潔で衛生的な生活をするためにセッケン, 洗剤, シャンプーのような洗浄剤をはじめ，ヘアリンス，柔軟剤，静電気防止剤, 殺菌剤などに使われている.
2) スポンジケーキ，チョコレート，アイスクリーム，マーガリン，ショートニング，豆腐，パンなどに美味しさをもたらすための添加剤として，また健康を維持・増進するために脂溶性ビタミンの可溶化剤，座薬，軟膏の乳化・分散剤などとして使われている．

3) 映像や情報を提供するフィルム，現像液，印画紙をはじめ，新聞，雑誌のインクなどに使われている．

4) 衣類として用いられるウール，絹，麻，合成繊維を作る際の紡糸，紡績，精練，染色工程などに使われ，また基礎化粧品，メークアップ化粧品の原料として使われている．

5) 野菜や果物の栽培に用いられる肥料の固着防止剤，農薬の乳化剤，農業用フィルムの防曇剤として使われている．

6) 街づくりのために，セメントの流動性向上剤，発泡コンクリートや軽量石膏ボードの発泡剤，家具や生活用品の静電気防止剤などに使われている．

7) 塗料用乳化・分散剤，プラスチックの帯電防止剤，タイヤ製造の離型材，加硫促進剤などに使われている．

8) リサイクルを促進するために，古紙の脱墨剤や抄紙工程の歩留まり向上剤として使われている．

9) 大気をきれいにするために，フロンの代替洗浄剤や大気中の粉塵を除去するための粉塵防止剤などに使われている．

10) 大型タンカー事故で流出した原油を回収する流出油処理剤として使われている．

11) 石油備蓄タンクや石油コンビナートの消火システムに組み込まれており，火災発生源の表面に泡の膜を作って空気を遮断して，鎮火するために使われている．

4. 界面活性剤の分子構造とミセルの形成

界面活性剤は図-48 のような分子構造をとるが，一般には溶液中においてその疎水（親油）基と親水基のバランスに応じて水溶液中で疎水基を内側に，親水基を外側に向けたミセルと言われる会合体を形成し，界面張力の低下，乳化，分散などの界面活性を発揮する．これは 10～100 個程度の界面活性剤分子からなり，球状ミセル，棒状ミセル，平板状二分子膜などの集合状態をとる．ミセルを形成しはじめる濃度は臨界ミセル濃度（critical micelle concentration, cmc または CMC）とよばれ，イオン性界面活性剤で 10^{-4}～10^{-2}mol dm^{-3}，非イオン界面活性剤では 10^{-4}mol dm^{-3} 以下である．

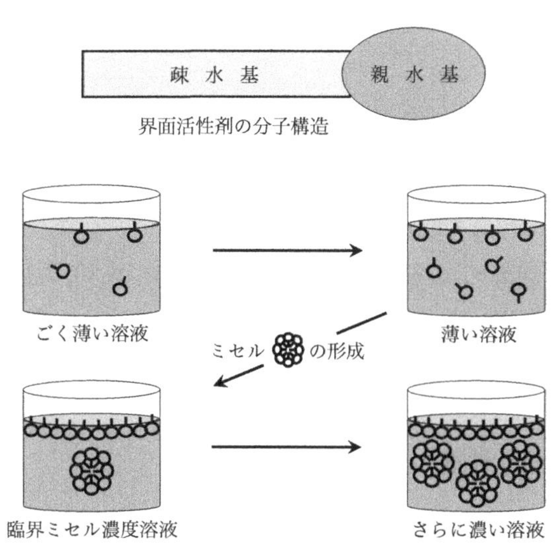

図-48 界面活性剤の分子構造とミセルの形成

5. 乳化の形式

一般に水と油のように相互に混ざり合わない液体に界面活性剤を加えると，界面活性剤の疎水（親油）基が油の粒子を取り囲み，親水基が外側に並ぶことによって水と油の均一な乳化状態を作ることができる.

水–油系の乳化状態を作り出す場合,油滴が水に分散する水中油滴（Oil/Water, O/W）型乳化と水滴が油に分散する油中水滴（Water/Oil, W/O）型のいずれかの形式をとる．これは使用する界面活性剤の疎水（親油）性と親水性のバランスにより，いずれの形式をとりやすいかに影響され,温度変化などによってO/W型とW/O型の間を移り変わる（転相）現象が起こることもある（図–49参照）.

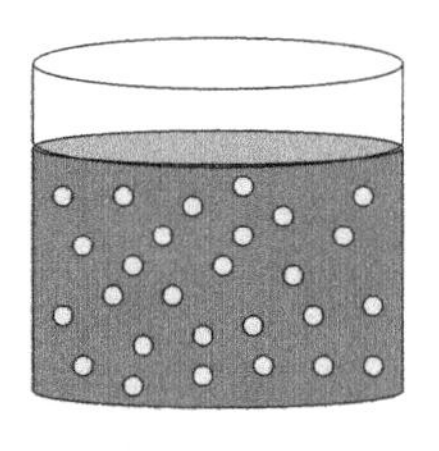
水中油滴（O/W）型乳化

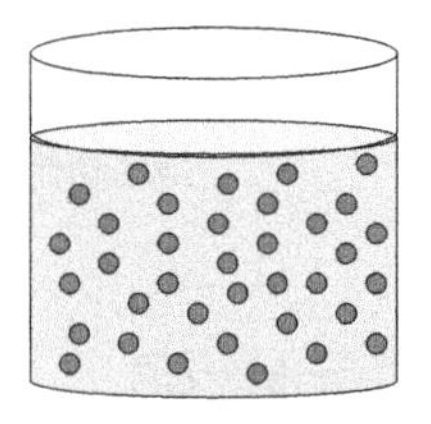
油中水滴（W/O）型乳化

図–49 乳化の形式

6. 界面活性剤の分類

界面活性剤は疎水基と親水基の組合せによって種々のタイプが存在し，水中で解離してイオンになるイオン性界面活性剤とイオンにならない非イオン界面活性剤に大別され，下記の4種類がある．さらに特殊な界面活性剤として，シリコーン系界面活性剤，高分子界面活性剤，および天然由来のバイオサーファクタントなどがあるが，ここでは代表的な4種類の界面活性剤を紹介する．

1) 陰イオン（アニオン）界面活性剤（Anion Surface Active Agents, Anionic Surfactant, Anionics）[1,2]

最も代表的な界面活性剤であり，全界面活性剤の約半数を占める．水中で有機陰イオン部分と金属陽イオン部分に解離する一群であり，セッケンをはじめ多くの合成洗剤がこのグループに分類され，表-41に示すようなものがある．

2) 陽イオン（カチオン）界面活性剤（Cation Surface Active Agents, Cationic Surfactant, Cationics）[1,2]

水中で有機陽イオン部分とハロゲン陰イオン部分に解離する一群であり，セッケンとは逆のイオン性を示すため逆性セッケンと言われることがある．

実際に用いられているものは，アミンおよびアミン塩系，第4級アンモニウム塩系，イミダゾリン系の3つの系に大別できる．このグループは一般に負に帯電している固体表面に吸着して柔軟性，帯電防止性，殺菌性などを示す性質をもつため，柔軟仕上げ剤，リンス剤，消毒剤として利用され，表-42に示すようなものがある．

表-41　代表的な陰イオン界面活性剤

	名称と化学構造	用　途
カルボン酸型	脂肪族モノカルボン酸塩：RCOOM	セッケン
	ポリオキシエチレンアルキルエーテルカルボン酸塩：$RO(CH_2CH_2O)_nCH_2COO^-M^+$	洗浄剤 乳化剤 分散剤
	N-アシルサルコシン塩：$CON(CH_3)CH_2COO^-M^+$	洗浄剤 洗顔料基剤
	N-アシルグルタミン酸塩：$RCONHCH(COOM)CH_2CH_2COO^-M^+$	低刺激性シャンプー基剤
スルホン酸型	ジアルキルスルホコハク酸塩：$ROCOCH(ROCOCH_2)SO_3^-M^+$	湿潤剤 浸透剤
	1-アルカンスルホン酸塩：$RSO_3^-M^+$	洗浄剤
	直鎖アルキルベンゼンスルホン酸塩（LAS 洗剤）：$C_6H_4(R)SO_3^-M^+$	洗浄剤 ヘビー洗剤基剤 乳化剤
	側鎖アルキルベンゼンスルホン酸塩（ABS 洗剤）：$C_6H_4(R)SO_3^-M^+$	乳化剤
	N-メチル-*N*-アシルタウリン酸塩：$RCON(CH_3)CH_2CH_2SO_3^-M^+$	洗浄剤 低刺激性シャンプー基剤
硫酸エステル型	アルキル硫酸塩：$ROSO_3^-M^+$	洗浄剤 起泡剤 乳化剤
	ポリオキシエチレンアルキルエーテル硫酸塩：$RO(CH_2CH_2O)_nSO_3^-M^+$	洗浄剤 台所用洗剤基剤
	油脂硫酸エステル塩	繊維処理剤 乳化剤 柔軟剤

M^+：金属イオン．

表-42　代表的な陽イオン界面活性剤

	名称と化学構造	用　途
アルキルアミン塩型	モノアルキルアミン塩：$RNH_2 \cdot HX$	分散剤 アスファルト用乳化剤
	ジアルキルアミン塩：$R_1R_2NH \cdot HX$	
	トリアルキルアミン塩：$R_1R_2R_3N \cdot HX$	
第4級アンモニウム塩型	塩化アルキルトリメチルアンモニウム：$R\text{–}N^+(CH_3)_3\text{–}Cl^-$	殺菌剤 柔軟剤 ヘアーリンス基剤
	塩化ジアルキルジメチルアンモニウム：$R_1R_2\text{–}N^+(CH_3)_2\text{–}Cl^-$	柔軟剤 帯電防止剤 ヘアーリンス基剤
	塩化アルキルベンザルコニウム：$R\text{–}N^+(CH_3)_2CH_2\text{–}C_6H_5\text{–}Cl^-$	殺菌剤
イミダゾリン型	アルキルイミダゾリン	染色助剤 湿潤剤
	1-ヒドロキシエチル-2-アルキルイミダゾリン	繊維用柔軟剤 防錆剤 抗菌剤 染色助剤 浮遊選鉱剤

X^-：ハロゲンイオン.

3) 両性界面活性剤 (Amphoteric Surface Active Agents, Zwitterionic Surfactant)[1,2)]

アルカリ性の水中では陰イオン界面活性剤の性質を，酸性の水中では陽イオン界面活性剤の性質を示す物質であり，非イオン系のみならずイオン系界面活性剤とも共用できる．混合することによって相乗効果が期待できるばかりでなく，一般に耐硬水性に勝れており，皮膚や粘膜に対する刺激性が低いことが特徴である．洗浄性や起泡

表-43 代表的な両性界面活性剤

	名称と化学構造	用途
カルボキシベタイン型	アルキルベタイン： $R{-}\overset{\overset{CH_3}{\vert}}{\underset{\underset{CH_3}{\vert}}{N^+}}{-}CH_2COO^-$	帯電防止剤 シャンプー基剤 起泡剤
	脂肪酸アミドプロピルベタイン： $RCO{-}NH(CH_2)_3{-}\overset{\overset{CH_3}{\vert}}{\underset{\underset{CH_3}{\vert}}{N^+}}{-}CH_2COO^-$	帯電防止剤 シャンプー基剤 起泡剤
グリシン型	アルキルジエチレントリアミン酢酸： $RNHCH_2CH_2NHCH_2CH_2NHCH_2COOH \cdot HCl$	殺菌剤
アミンオキシド型	アルキルアミンオキシド： $R{-}\overset{\overset{CH_3}{\vert}}{\underset{\underset{CH_3}{\vert}}{N}}{\rightarrow}O$	台所用洗剤基剤 シャンプー基剤

性を高める補助剤として広く利用されており，表-43 に示すようなものがある.

4) 非イオン界面活性剤（Nonion Surface Active Agents, Nonionic Surfactant, Nonionics）[1,2)]

水中でイオン化しない親水基をもつ界面活性剤であり，水の硬度や電解質の影響を受けにくいため，他の界面活性剤と併用できる. 非イオン界面活性剤の親水基としては水酸基とエーテル結合がある. これらはエチレンオキシドの付加あるいはグリセリン，ペンタエリスリトールのような多価アルコールとの反応によって導入される. 近年，このグループの使用量が増大しており，表-44 に示すような

表-44　代表的な非イオン界面活性剤

	名称と化学構造	用　　途
エステル型	グリセリン脂肪酸エステル：$RCOOCH_2CHOHCH_2OH$	乳化剤 食品用乳化剤 消泡剤 防曇剤
	ソルビタン脂肪酸エステル： 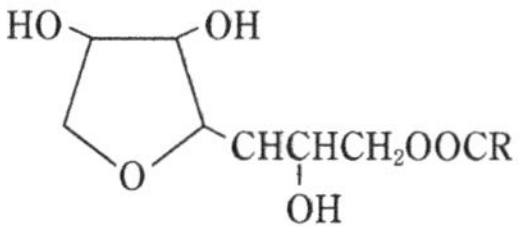	化粧品・食品用 乳化剤 消泡剤 防曇剤
	ショ糖脂肪酸エステル： 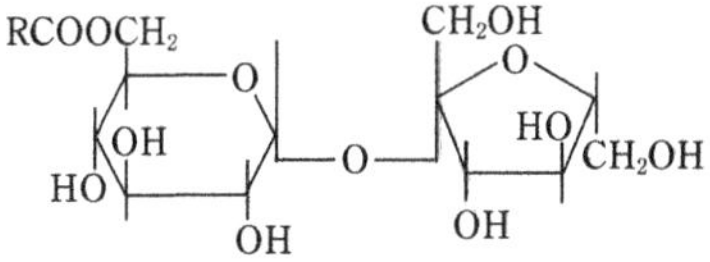	化粧品・食品用 乳化剤 消泡剤 防曇剤
エーテル型	ポリオキシエチレンアルキルエーテル： $RO(CH_2CH_2O)_nH$	浸透剤 洗浄剤 工業用洗浄剤 乳化剤 分散剤 可溶化剤 均染剤
	ポリオキシエチレンアルキルフェニルエーテル： 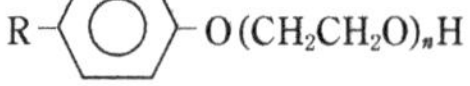 $R-C_6H_4-O(CH_2CH_2O)_nH$	浸透剤 洗浄剤 工業用洗浄剤 乳化剤 分散剤 可溶化剤
	ポリオキシエチレンポリオキシプロピレングリコール： $H(OCH_2CH_2)_x(OC_3H_6)_y(OCH_2CH_2)_zOH$	洗浄剤 消泡剤

ものがある.

7. 親水性-親油性バランス（Hydrophile-Lipophile Balance, HLB）[2)]

HLBとは，界面活性剤の水と油（水に不溶性の有機化合物）への親和性の程度を表わす尺度としてClaytonによってその概念が提唱され，1949年に米国のAtlas Powder CompanyのWilliam Griffinが多くの乳化実験から経験的にHLB値として定量化したものである．HLB値は0～20までの値をとり，0に近いほど親油性が高く，20に近いほど親水性が高くなる．HLB値は非イオン界面活性剤，特にポリオキシエチレン系界面活性剤を基準としており，その定義は$N_{HLB}=(E+P)/5$という式で表わされている．ここで，Eはポリオ

表-45 HLBによる界面活性剤の性質と用途[3)]

HLB	性質・特徴
1～3	水にほとんど分散せず，消泡剤などに使用される．
3～6	混合することによって，水に分散して乳濁液になり，W/O型エマルションの乳化剤や湿潤剤として使用される．
6～8	混合することによって，水に分散して乳濁液になり，W/O型エマルションの乳化剤として使用される．
8～10	水に安定に分散して乳濁液になり，湿潤剤やO/W型エマルションの乳化剤として使用される．
10～13	水に半透明に溶解して，O/W型エマルションの乳化剤として使用される．
13～16	水に透明に溶解して，O/W型エマルションの乳化剤や洗浄剤として使用される．
16～19	水に透明に溶解して可溶化剤として使用される．

キシエチレン鎖（親水基）の界面活性剤全体に対する wt%（重量%）であり，P は多価アルコール部分（親油基）の界面活性剤全体に対する wt% である．

供試油脂に対して最も安定な乳化を与える界面活性剤の HLB を所要 HLB と言い，個々の油について求められているが，HLB 値によってその界面活性剤の性質や用途が表-45 のようにある程度決定される．

8. 界面活性剤の安全性

1) 安全であるということは

天然物でも，合成物でも「100%安全なもの」は存在しない．人々が毎日摂取している食塩，砂糖，酒なども摂取する量が多ければ，何らかの悪影響が現れる．すなわち，それぞれのものに安全な（有害ではない）使い方と安全に使える条件（量・濃度など）がある．

2) 界面活性剤の生体に及ぼす影響

界面活性剤は日常生活のみならず，さまざまな産業分野で幅広く使用されているので，その影響を熟知する必要がある．

界面活性剤の人体や動物に及ぼす影響としては，経口毒性，目や皮膚に対する刺激性，変異原性，発ガン性に注意する必要がある．

① 経口毒性：主に投与後の短期間に現れる毒性をみる急性経口毒性試験が行われている．界面活性剤の急性経口毒性（Lethal Dose 50, LD_{50}；半数致死量）データでは一般的に陽イオン界面活性剤が「中等度毒性」に，陰イオン界面活性剤，非イオン界

面活性剤および両性界面活性剤が「軽度毒性」から「実質無毒性」にランクされている.

② 眼および皮膚に対する刺激性：ウサギの眼を用いたドレイズ試験法により，ベタイン型両性界面活性剤やエステル型非イオン界面活性剤などが低刺激性であることがわかり，シャンプー基剤として使用されている.

皮膚に対する刺激性は動物の皮膚への塗布試験やヒトへのパッチテスト，浸漬テストなどを行った結果，浸透力の強いタイプに刺激性がやや強いものが多く，アルキル基の長いものやエチレンオキシド鎖が長いものほど刺激性が弱くなる傾向がある.

③ 変異原性・発ガン性・催奇形性：特に問題のある界面活性剤はない.

3) 界面活性剤の危険性の分類

界面活性剤の危険性は製品の説明書やラベル，製品安全性データシートなどに下記のように記載してある.

① 警告レベル：中等度毒性

② 注意レベル：軽度毒性

③ 表示なし：実質無害

4) 界面活性剤の環境への影響

① 生分解性：ほとんどの界面活性剤は環境中で界面活性を失う一次生分解が短時間のうちに行われる．また，大部分の界面活性剤は容易に CO_2 と H_2O にまで分解される究極生分解に進む

が，非イオン界面活性剤のポリオキシエチレンアルキルフェニルエーテルは究極生分解にかなりの時間を要するため，我が国では家庭用製品には使用しないように自主規制されている．

② 水生生物毒性：界面活性剤が湖沼や河川に流入すると，魚を死滅させることがあるが，これは界面活性剤が魚のエラ組織の表面に吸着され，呼吸機能を阻害するためであり，呼吸機能がまったく異なるヒトや哺乳動物に対する毒性と直接比較することはできない．

直鎖アルキルベンゼンスルホン酸塩（Linear Alkyl Benzene Sulfonate, LAS）ではアルキル基の鎖長が長いほど，エーテル系非イオン界面活性剤ではエチレンオキシド鎖が短いほど，魚毒性が大きくなる傾向がある．ただし，ヒトや哺乳動物に対する毒性に問題はない．

③ 内分泌撹乱物質（環境ホルモン）問題：非イオン界面活性剤であるノニルフェノールエトキシレートの原料であり，分解生成物であるノニルフェノールが環境ホルモンとして作用する懸念がある．

参考資料

1) 日本油化学会編，油脂化学便覧，第四版，丸善 (2001)
2) 日本油化学会編，油化学辞典，丸善 (2004)
3) http://ja.wikipedia.org/wiki/HLB 値

食用植物油脂の日本農林規格

全部改正　昭和44年３月31日農 林 省 告 示第 523号
改　　正　昭和47年１月27日農 林 省 告 示第　23号
改　　正　昭和50年７月12日農 林 省 告 示第 709号
改　　正　昭和54年１月25日農林水産省告示第　68号
改　　正　昭和56年８月11日農林水産省告示第1180号
改　　正　昭和57年８月17日農林水産省告示第1388号
改　　正　昭和58年12月８日農林水産省告示第2411号
改　　正　昭和63年３月15日農林水産省告示第 268号
改　　正　昭和63年12月９日農林水産省告示第1973号
改　　正　平成２年９月29日農林水産省告示第1225号
改　　正　平成３年10月18日農林水産省告示第1277号
改　　正　平成６年３月１日農林水産省告示第 435号
改　　正　平成６年８月１日農林水産省告示第1095号
改　　正　平成６年12月26日農林水産省告示第1741号
改　　正　平成９年２月17日農林水産省告示第 248号
改　　正　平成９年７月４日農林水産省告示第1099号
改　　正　平成16年９月28日農林水産省告示第1772号
改　　正　平成21年８月31日農林水産省告示第1221号
改　　正　平成24年７月17日農林水産省告示第1683号
最終改正　平成26年８月29日農林水産省告示第1139号

（適用の範囲）
第１条　この規格は、食用サフラワー油、食用ぶどう油、食用大豆油、食用ひまわり油、食用とうもろこし油、食用綿実油、食用ごま油、食用なたね油、食用こめ油、食用落花生油、食用オリーブ油、食用パーム油、食用パームオレイン、食用パームステアリン、食用パーム核油、食用やし油、食用調合油及び香味食用油に適用する。

（定義）
第２条　この規格において、次の表の左欄に掲げる用語の定義は、それぞれ同表の右欄に掲げるとおりとする。

用語	定義
食用サフラワー油	サフラワーの種子から採取した油であつて、食用に適するよう処理したものをいう。
食用ぶどう油	ぶどうの種子から採取した油であつて、食用に適するよう処理したものをいう。
食用大豆油	大豆から採取した油であつて、食用に適するよう処理したものをいう。
食用ひまわり油	ひまわりの種子から採取した油であつて、食用に適するよう処理したものをいう。
食用とうもろこし油	とうもろこしのはい芽から採取した油であつて、食用に適するよう処理したものをいう。
食用綿実油	綿の種子から採取した油であつて、食用に適するよう処理したものをい

	う。
食　用　ご　ま　油	ごまから採取した油であつて、食用に適するよう処理したものをいう。
食　用　な　た　ね　油	あぶらな又はからしなの種子から採取した油であつて、食用に適するよう処理したものをいう。
食　用　こ　め　油	こめぬかから採取した油であつて、食用に適するよう処理したものをいう。
食　用　落　花　生　油	落花生から採取した油であつて、食用に適するよう処理したものをいう。
食　用　オ　リ　ー　ブ　油	オリーブの果肉から採取した油であつて、食用に適するよう処理したものをいう。
食　用　パ　ー　ム　油	パームの果肉から採取した油であつて、食用に適するよう処理したものをいう。
食用パームオレイン	パームの果肉から採取した油に溶剤等を加え、又は加えないで冷却した後、これを滴下式、ろ過式又は遠心式による分離操作を行つて分離し、かつ、食用に適するよう処理したもののうち、よう素価が56以上であるものをいう。
食用パームステアリン	パームの果肉から採取した油に溶剤等を加え、又は加えないで冷却した後、これを滴下式、ろ過式又は遠心式による分離操作を行つて分離し、かつ、食用に適するよう処理したもののうち、よう素価が48以下であるものをいう。
食　用　パ　ー　ム　核　油	パーム核から採取した油であつて、食用に適するよう処理したものをいう。
食　用　や　し　油	コプラから採取した油であつて、食用に適するよう処理したものをいう。
食　用　調　合　油	食用植物油脂に属する油脂（香味食用油を除く。）のうちいずれか２以上の油を調合した油をいう。
香　味　食　用　油	食用植物油脂に属する油脂に香味原料（香辛料、香料又は調味料）等を加えたものであつて、調理の際に当該香味原料の香味を付与するものをいう。

（食用サフラワー油の規格）

第３条　食用サフラワー油の規格は、次のとおりとする。

区　　分	基　　準	
	精製サフラワー油	サフラワーサラダ油

一般状態	清澄で、香味良好であること。	清澄で、舌触りよく香味良好であること。
色	特有の色であること。	黄20以下、赤2.0以下であること。（ロビボンド法133.4㎜セル）
水分及びきょう雑物	0.10％以下であること。	
比重 $\left(\frac{25}{25}℃\right)$	ハイリノレイック種の種子から採取したものにあっては0.919～0.924、ハイオレイック種の種子から採取したものにあっては0.910～0.916、ハイリノレイック種の種子から採取したものとハイオレイック種の種子から採取したものを混合したものにあっては0.910～0.924であること。	
屈折率（25℃）	ハイリノレイック種の種子から採取したものにあっては1.473～1.476、ハイオレイック種の種子から採取したものにあっては1.466～1.470、ハイリノレイック種の種子から採取したものとハイオレイック種の種子から採取したものを混合したものにあっては1.466～1.476であること。	
冷却試験	—	５時間30分清澄であること。
酸価	0.20以下であること。	0.15以下であること。
けん化価	186～194であること。	
よう素価	ハイリノレイック種の種子から採取したものにあっては136～148、ハイオレイック種の種子から採取したものにあっては80～100、ハイリノレイック種の種子から採取したものとハイオレイック種の種子から採取したものを混合したものにあっては80～148であること。	
不けん化物	1.0％以下であること。	
脂肪酸に占めるオレイン酸の割合	ハイオレイック種の種子から採取したものにあっては70％以上であること。	
原材料　食品添加物以外の原材料	サフラワー油以外のものを使用していないこと。	
原材料　食品添加物	1　国際連合食糧農業機関及び世界保健機関合同の食品規格委員会が定めた食品添加物に関する一般規格（CODEX STAN 192-1995, Rev. 7-2006）3.2の規定に適合するものであって、かつ、その使用条件は同規格3.3の規定に適合していること。 2　使用量が正確に記録され、かつ、その記録が保管されているものであること。 3　１の規定に適合している旨の情報が、一般消費者に次のいずれかの方法により伝達されるものであること。ただし、業務用の製品に使用する場合にあっては、この限りでない。 (1)　インターネットを利用し公衆の閲覧に供する方法 (2)　冊子、リーフレットその他の一般消費者の目につきやすいものに表示する方法 (3)　店舗内の一般消費者の目につきやすい場所に表示する方法	

		(4) 製品に問合せ窓口を明記の上、一般消費者からの求めに応じて当該一般消費者に伝達する方法
内容重量		表示重量に適合していること。

（食用ぶどう油の規格）

第４条　食用ぶどう油の規格は、次のとおりとする。

区分		基準	
		精製ぶどう油	ぶどうサラダ油
一般状態		おおむね清澄で、香味良好であること。	清澄で、舌触りよく香味良好であること。
色		特有の色であること。	黄30以下、赤3.0以下であること。（ロビボンド法133.4㎜セル）
水分及びきょう雑物		0.10％以下であること。	
比重 $\left(\frac{25}{25}℃\right)$		0.918～0.923であること。	
屈折率（25℃）		1.472～1.476であること。	
冷却試験		—	５時間30分清澄であること。
酸価		0.20以下であること。	0.15以下であること。
けん化価		188～194であること。	
よう素価		128～150であること。	
不けん化物		1.5％以下であること。	
原材料	食品添加物以外の原材料	ぶどう油以外のものを使用していないこと。	
	食品添加物	前条の規格の食品添加物と同じ。	
内容重量		前条の規格の内容重量と同じ。	

（食用大豆油の規格）

第５条　食用大豆油の規格は、次のとおりとする。

区分	基準	

		精製大豆油	大豆サラダ油
一般状態		清澄で、香味良好であること。	清澄で、舌触りよく、香味良好であること。
色		特有の色であること。	黄25以下、赤2.5以下であること。（ロビボンド法133.4㎜セル）
水分及びきょう雑物		0.10％以下であること。	
比重$\left(\frac{25}{25}℃\right)$		0.916～0.922であること。	
屈折率（25℃）		1.472～1.475であること。	
冷却試験		—	５時間30分清澄であること。
酸価		0.20以下であること。	0.15以下であること。
けん化価		189～195であること。	
よう素価		124～139であること。	
不けん化物		1.0％以下であること。	
原材料	食品添加物以外の原材料	大豆油以外のものを使用していないこと。	
	食品添加物	第３条の規格の食品添加物と同じ。	
内容重量		第３条の規格の内容重量と同じ。	

（食用ひまわり油の規格）

第６条　食用ひまわり油の規格は、次のとおりとする。

区分	基準	
	精製ひまわり油	ひまわりサラダ油
一般状態	清澄で、香味良好であること。	清澄で、舌触りよく、香味良好であること。
色	特有の色であること。	黄20以下、赤2.0以下であること。（ロビボンド法133.4㎜セル）
水分及びきょう雑物	0.10％以下であること。	
（25	ハイリノレイック種の種子から採取したものにあっては0.915～0.921、	

区分		
比重（──℃ / 25）	ハイオレイック種の種子から採取したものにあっては0.909～0.915、ハイリノレイック種の種子から採取したものとハイオレイック種の種子から採取したものを混合したものにあっては0.909～0.921であること。	
屈折率（25℃）	ハイリノレイック種の種子から採取したものにあっては1.471～1.474、ハイオレイック種の種子から採取したものにあっては1.465～1.469、ハイリノレイック種の種子から採取したものとハイオレイック種の種子から採取したものを混合したものにあっては1.465～1.474であること。	
冷却試験	―	5時間30分清澄であること。
酸価	0.20以下であること。	0.15以下であること。
けん化価	ハイリノレイック種の種子から採取したものにあっては188～194、ハイオレイック種の種子から採取したもの及びハイリノレイック種の種子から採取したものとハイオレイック種の種子から採取したものを混合したものにあっては182～194であること。	
よう素価	ハイリノレイック種の種子から採取したものにあっては120～141、ハイオレイック種の種子から採取したものにあっては78～90、ハイリノレイック種の種子から採取したものとハイオレイック種の種子から採取したものを混合したものにあっては78～141であること。	
不けん化物	1.5%以下であること。	
脂肪酸に占めるオレイン酸の割合	ハイオレイック種の種子から採取したものにあっては75%以上であること。	
原材料　食品添加物以外の原材料	ひまわり油以外のものを使用していないこと。	
原材料　食品添加物	第3条の規格の食品添加物と同じ。	
内容重量	第3条の規格の内容重量と同じ。	

（食用とうもろこし油の規格）
第7条　食用とうもろこし油の規格は、次のとおりとする。

区分	基準	
	精製とうもろこし油	とうもろこしサラダ油
一般状態	清澄で、香味良好であること。	清澄で、舌触りよく、香味良好であること。
色	特有の色であること。	黄35以下、赤3.5以下であること。（ロビボンド法133.4㎜セル）
水分及びきょう雑物	0.10%以下であること。	

区分		
比重（$\frac{25}{25}$℃）	0.915～0.921であること。	
屈折率（25℃）	1.471～1.474であること。	
冷却試験	—	5時間30分清澄であること。
酸価	0.20以下であること。	0.15以下であること。
けん化価	187～195であること。	
よう素価	103～135であること。	
不けん化物	2.0%以下であること。	
原材料　食品添加物以外の原材料	とうもろこし油以外のものを使用していないこと。	
原材料　食品添加物	第3条の規格の食品添加物と同じ。	
内容重量	第3条の規格の内容重量と同じ。	

（食用綿実油の規格）
第8条　食用綿実油の規格は、次のとおりとする。

区分	基準		
	綿実油	精製綿実油	綿実サラダ油
一般状態	おおむね清澄で、香味良好であること。	清澄で、香味良好であること。	清澄で、舌触りよく、香味良好であること。
色	特有の色であること。	同左	黄35以下、赤3.5以下であること。（ロビボンド法133.4㎜セル）
水分及びきょう雑物	0.20%以下であること。	0.10%以下であること。	同左
比重（$\frac{25}{25}$℃）	0.916～0.922であること。		
屈折率（25℃）	1.469～1.472であること。	同左	1.470～1.473であること。
冷却試験	—	—	5時間30分清澄である

			こと。
酸　　　　価	0.50以下であること。	0.20以下であること。	0.15以下であること。
けん化価	190～197であること。		
よう素価	102～120であること。	同　左	105～123であること。
不けん化物	1.5%以下であること。		
原材料 食品添加物以外の原材料	綿実油以外のものを使用していないこと。		
原材料 食品添加物	第3条の規格の食品添加物と同じ。		
内容重量	第3条の規格の内容重量と同じ。		

（食用ごま油の規格）

第9条　食用ごま油の規格は、次のとおりとする。

区　　分	基　　準		
	ごま油	精製ごま油	ごまサラダ油
一般状態	いりごま特有の香味を有し、おおむね清澄であること。	清澄で、香味良好であること。	清澄で、舌触りよく、香味良好であること。
色	特有の色であること。	同　左	黄25以下、赤3.5以下であること。（ロビボンド法133.4mmセル）
水分及びきょう雑物	0.25%以下であること。	0.10%以下であること。	同　左
比重 $\left(\frac{25}{25}℃\right)$	0.914～0.922であること。		
屈折率（25℃）	1.470～1.474であること。		
冷却試験	—	—	5時間30分清澄であること。
酸　　　　価	4.0以下であること。	0.20以下であること。	0.15以下であること。
けん化価	184～193であること。		
よう素価	104～118であること。		

不けん化物	2.5%以下であること。	2.0%以下であること。	同左
原材料 食品添加物以外の原材料	ごま油以外のものを使用していないこと。		
原材料 食品添加物	第3条の規格の食品添加物と同じ。		
内容重量	第3条の規格の内容重量と同じ。		

（食用なたね油の規格）

第10条　食用なたね油の規格は、次のとおりとする。

区分	基準		
	なたね油	精製なたね油	なたねサラダ油
一般状態	なたね特有の香味を有し、清澄であること。	清澄で、香味良好であること。	清澄で、舌触りよく、香味良好であること。
色	特有の色であること。	同左	黄20以下、赤2.0以下であること。（ロビボンド法133.4㎜セル）
水分及びきょう雑物	0.20%以下であること。	0.10%以下であること。	同左
比重 $\left(\frac{25}{25}\right)$℃	0.907～0.919であること。		
屈折率（25℃）	1.469～1.474であること。		
冷却試験	—	—	5時間30分清澄であること。
酸価	2.0以下であること。	0.20以下であること。	0.15以下であること。
けん化価	169～193であること。		
よう素価	94～126であること。		
不けん化物	1.5%以下であること。		
原材料 食品添加物以外の原材料	なたね油以外のものを使用していないこと。		
原材料 食品添加物	第3条の規格の食品添加物と同じ。		

内　　容　　重　　量	第3条の規格の内容重量と同じ。

（食用こめ油の規格）
第11条　食用こめ油の規格は、次のとおりとする。

区　　分		基　　準	
		精　製　こ　め　油	こ　め　サ　ラ　ダ　油
一　般　状　態		清澄で、香味良好であること。	清澄で、舌触りよく、香味良好であること。
色		特有の色であること。	黄35以下、赤4.0以下であること。（ロビボンド法133.4mmセル）
水分及びきょう雑物		0.10%以下であること。	
比　重（25/25 ℃）		0.915～0.921であること。	
屈　折　率（25℃）		1.469～1.472であること。	
冷　却　試　験		—	5時間30分清澄であること。
酸　価		0.20以下であること。	0.15以下であること。
け　ん　化　価		180～195であること。	
よ　う　素　価		92～115であること。	
不　け　ん　化　物		4.5%以下であること。	3.5%以下であること。
原材料	食品添加物以外の原材料	こめ油以外のものを使用していないこと。	
	食　品　添　加　物	第3条の規格の食品添加物と同じ。	
内　容　重　量		第3条の規格の内容重量と同じ。	

（食用落花生油の規格）
第12条　食用落花生油の規格は、次のとおりとする。

区　　分	基　　準	
	落　花　生　油	精　製　落　花　生　油

一　般　状　態	落花生特有の香味を有し、50℃においておおむね清澄であること。	50℃においておおむね清澄で、香味良好であること。
色	特有の色であること。	
水分及びきょう雑物	0.20％以下であること。	0.10％以下であること。
比　重 $\left(\frac{25}{25}℃\right)$	0.910～0.916であること	
屈　折　率（25℃）	1.468～1.471であること。	
酸　価	0.50以下であること。	0.20以下であること。
けん化価	188～196であること。	
よう素価	86～103であること。	
不けん化物	1.0％以下であること。	
原材料　食品添加物以外の原材料	落花生油以外のものを使用していないこと。	
原材料　食品添加物	第３条の規格の食品添加物と同じ。	
内容重量	第３条の規格の内容重量と同じ。	

（食用オリーブ油の規格）

第13条　食用オリーブ油の規格は、次のとおりとする。

区　分	基準	
	オリーブ油	精製オリーブ油
一　般　状　態	オリーブ特有の香味を有し、おおむね清澄であること。	おおむね清澄で、香味良好であること。
色	特有の色であること。	
水分及びきょう雑物	0.30％以下であること。	0.15％以下であること。
比　重 $\left(\frac{25}{25}℃\right)$	0.907～0.913であること。	
屈　折　率（25℃）	1.466～1.469であること。	
酸　価	2.0以下であること。	0.60以下であること。

けん化価		184～196であること。
よう素価		75～94であること。
不けん化物		1.5%以下であること。
原材料	食品添加物以外の原材料	オリーブ油以外のものを使用していないこと。
	食品添加物	使用していないこと。
内容重量		第3条の規格の内容重量と同じ。

（食用パーム油の規格）

第14条　食用パーム油のうち精製パーム油の規格は、次のとおりとする。

区分		基準
一般状態		50℃において清澄で、香味良好であること。
色		特有の色であること。
水分及びきょう雑物		0.10%以下であること。
比重 $\left(\frac{40}{25}℃\right)$		0.897～0.905であること。
屈折率（40℃）		1.457～1.460であること。
酸価		0.20以下であること。
けん化価		190～209であること。
よう素価		50～55であること。
不けん化物		1.0%以下であること。
原材料	食品添加物以外の原材料	パーム油以外のものを使用していないこと。
	食品添加物	第3条の規格の食品添加物と同じ。
内容重量		第3条の規格の内容重量と同じ。

（食用パームオレインの規格）

第15条　食用パームオレインの規格は、次のとおりとする。

区　　　　分		基　　　　　　　　　準
一　般　状　態		40℃において清澄で、香味良好であること。
水分及びきょう雑物		0.10%以下であること。
比　重 $\left(\frac{40}{25}\text{℃}\right)$		0.900～0.907であること。
屈　折　率（40℃）		1.458～1.461であること。
上　昇　融　点		24℃以下であること。
け　ん　化　価		194～202であること。
よ　う　素　価		56～72であること。
不　け　ん　化　物		1.0%以下であること。
酸　　　　価		0.20以下であること。
過　酸　化　物　価		5.0以下であること。
原材料	食品添加物以外の原材料	パーム油以外のものを使用していないこと。
	食　品　添　加　物	第３条の規格の食品添加物と同じ。
内　容　重　量		第３条の規格の内容重量と同じ。

（食用パームステアリンの規格）
第16条　食用パームステアリンの規格は、次のとおりとする。

区　　　　分		基　　　　　　　　　準
品質	一　般　状　態	60℃において清澄で、香味良好であること。
	水分及びきょう雑物	0.10%以下であること。
	比　重 $\left(\frac{60}{25}\text{℃}\right)$	0.881～0.890であること。
	屈　折　率（60℃）	1.447～1.452であること。
	上　昇　融　点	44℃以上であること。

<table>
<tr><td rowspan="9"></td><td colspan="2">けん化価</td><td>193～205であること。</td></tr>
<tr><td colspan="2">よう素価</td><td>48以下であること。</td></tr>
<tr><td colspan="2">不けん化物</td><td>0.9%以下であること。</td></tr>
<tr><td colspan="2">酸価</td><td>0.20以下であること。</td></tr>
<tr><td colspan="2">過酸化物価</td><td>3.0以下であること。</td></tr>
<tr><td rowspan="2">原材料</td><td>食品添加物以外の原材料</td><td>パーム油以外のものを使用していないこと。</td></tr>
<tr><td>食品添加物</td><td>1　国際連合食糧農業機関及び世界保健機関合同の食品規格委員会が定めた食品添加物に関する一般規格（CODEX STAN 192-1995, Rev. 7-2006）3.2の規定に適合するものであって、かつ、その使用条件は同規格3.3の規定に適合していること。
2　使用量が正確に記録され、かつ、その記録が保管されているものであること。</td></tr>
<tr><td colspan="2">内容重量</td><td>第3条の規格の内容重量と同じ。</td></tr>
<tr><td colspan="2"></td><td></td></tr>
<tr><td rowspan="2">表示</td><td colspan="2">表示事項</td><td>1　次の事項を表示してあること。
(1)　名称
(2)　原材料名
(3)　内容量
(4)　賞味期限
(5)　保存方法
(6)　製造業者又は販売業者（輸入品にあっては、輸入業者）の氏名又は名称及び住所
2　輸入品にあっては、1に規定するもののほか、原産国名を表示してあること。</td></tr>
<tr><td colspan="2">表示の方法</td><td>1　表示事項の項の1の(1)から(5)までに掲げる事項の表示は、次に規定する方法により行われていること。
(1)　名称
「食用パームステアリン」と記載すること。
(2)　原材料名
使用した原材料を、次のア及びイに規定するところにより、原材料に占める重量の割合の多いものから順に記載すること。
ア　原料油脂は、「食用パーム油」と記載すること。
イ　食品添加物は、原材料に占める重量の割合の多いものから順に、食品衛生法第19条第1項の規定に基づく表示の基準に関する内閣府令（平成23年内閣府令第45号）第1条第2項第5号及び第4項、第11条並びに第12条の規定に従い記載すること。
(3)　内容量
内容重量を、グラム、キログラム又はトンの単位で、単位を明記して記載すること。
(4)　賞味期限</td></tr>
</table>

		賞味期限（定められた方法により保存した場合において、期待される全ての品質の保持が十分に可能であると認められる期限を示す年月日をいう。ただし、当該期限を超えた場合であつても、これらの品質が保持されていることがあるものとする。以下同じ。）を、次に定めるところにより記載すること。 ア　製造から賞味期限までの期間が３月以内のものにあつては、次の例のいずれかにより記載すること。 (ア)　平成15年３月１日 (イ)　15．３．１ (ウ)　2003．３．１ (エ)　03．３．１ (オ)　150301 (カ)　030301 イ　製造から賞味期限までの期間が３月を超えるものにあつては、次に定めるところにより記載すること。 (ア)　次の例のいずれかにより記載すること。 a　平成15年３月 b　15．３ c　2003．３ d　03．３ e　1503 f　0303 (イ)　(ア)の規定にかかわらず、アに定めるところにより記載することができる。 (5)　保存方法 製品の特性に従つて、「直射日光を避け、常温で保存すること」、「常温で保存すること」等と記載すること。ただし、常温で保存するものにあつては、常温で保存する旨を省略することができる。 ２　表示事項の項に規定する事項の表示は、次に定めるところにより、容器若しくは包装の見やすい箇所又は送り状にしてあること。 (1)　表示は、別記様式により行うこと。ただし、表示事項を別記様式による表示と同等程度に分かりやすく一括して記載する場合は、この限りでない。 (2)　表示に用いる文字及び枠の色は、背景の色と対照的な色とすること。 (3)　表示に用いる文字は、日本工業規格Ｚ8305（1962）に規定する８ポイントの活字以上の大きさの統一のとれた活字とすること。
	表示禁止事項	次に掲げる事項は、これを表示していないこと。 １　表示事項の項の規定により表示してある事項の内容と矛盾する用語 ２　その他内容物を誤認させるような文字、絵、写真その他の表示

（食用パーム核油の規格）

第17条　食用パーム核油のうち精製パーム核油の規格は、次のとおりとする。

区分		基準
品	一般状態	40℃において清澄で、香味良好であること。

区分			基準
品質	色		特有の色であること。
	水分及びきょう雑物		0.10％以下であること。
	比重 $\left(\frac{40}{25}℃\right)$		0.900～0.913であること。
	屈折率（40℃）		1.449～1.452であること。
	上昇融点		24℃～30℃であること。
	酸価		0.20以下であること。
	けん化価		230～254であること。
	よう素価		14～22であること。
	不けん化物		1.0％以下であること。
	原材料	食品添加物以外の原材料	パーム核油以外のものを使用していないこと。
		食品添加物	前条の規格の食品添加物と同じ。
	内容重量		第3条の規格の内容重量と同じ。
表示			前条の規格の表示と同じ。ただし、同規格の表示の方法の(1)及び(2)にかかわらず、名称及び原料油脂の表示については、次に規定する方法により行われていること。 「食用パーム核油」と記載すること。

（食用やし油の規格）

第18条　食用やし油のうち精製やし油の規格は、次のとおりとする。

区分		基準
品質	一般状態	40℃において清澄で、香味良好であること。
	色	特有の色であること。
	水分及びきょう雑物	0.10％以下であること。
	比重 $\left(\frac{40}{25}℃\right)$	0.909～0.917であること。

区分		基準
屈折率（40℃）		1.448～1.450であること。
上昇融点		20℃～28℃であること。
酸価		0.20以下であること。
けん化価		248～264であること。
よう素価		7～11であること。
不けん化物		1.0%以下であること。
原材料	食品添加物以外の原材料	やし油以外のものを使用していないこと。
	食品添加物	第16条の規格の食品添加物と同じ。
内容重量		第3条の規格の内容重量と同じ。
表示		第16条の規格の表示と同じ。ただし、同規格の表示の方法の(1)及び(2)にかかわらず、名称及び原料油脂の表示については、次に規定する方法により行われていること。 「食用やし油」と記載すること。

（食用調合油の規格）
第19条　食用調合油の規格は、次のとおりとする。

区分	基準		
	調合油	精製調合油	調合サラダ油
一般状態	1　食用パーム油、食用パームオレイン又は食用やし油を調合したものにあつては、40℃においておおむね清澄で、香味良好であること。 2　その他のものにあつては、おおむね清澄で、香味良好であること。	1　食用パーム油、食用パームオレイン又は食用やし油を調合したものにあつては、40℃において清澄で、香味良好であること。 2　その他のものにあては、清澄で、香味好であること。	清澄で、舌触りよく、香味良好であること。
色	良好であること。	同左	黄35以下、赤3.5以下であること。（ロビボンド法133.4㎜セル）
水分及びきょう雑物	0.20%以下であること。	0.10%以下であること。	同左

冷却試験	—	—	5時間30分清澄であること。
酸価	0.50以下（食用ごま油を調合したものにあつては、2.0以下）であること。	0.20以下であること。	0.15以下（食用オリーブ油を調合したものにあつては、0.40以下）であること。
不けん化物	1.5%以下（食用ごま油を調合したものにあつては2.0%以下、食用こめ油を調合したものにあつては3.0%以下、食用ごま油及び食用こめ油を調合したものにあつては3.5%以下）であること。	1.5%以下（食用こめ油を調合したものにあつては、3.0%以下）であること。	同左
原材料 食品添加物以外の原材料	食用植物油脂以外のものを使用していないこと。		
原材料 食品添加物	第3条の規格の食品添加物と同じ。		
内容重量	第3条の規格の内容重量と同じ。		

（香味食用油の規格）
第20条　香味食用油の規格は、次のとおりとする。

区分		基準
一般状態		香味良好であること。
水分		0.20%以下であること。
酸価		2.0以下であること。
不けん化物		5.0%以下であること。
原材料	食品添加物以外の原材料	次に掲げるもの以外のものを使用していないこと。 1　食用植物油脂 2　香味原料 　香辛料及び調味料
	食品添加物	第3条の規格の食品添加物と同じ。
内容重量		第3条の規格の内容重量と同じ。

（測定方法）

第21条　第３条から第20条までの規格における一般状態、色、水分及びきよう雑物、比重、屈折率、上昇融点、冷却試験、酸価、けん化価、よう素価、不けん化物、脂肪酸に占めるオレイン酸の割合並びに過酸化物価の測定方法は、次のとおりとする。

<table>
<tr><th>事　　　　項</th><th>測　　　定　　　方　　　法</th></tr>
<tr><td>１　一　般　状　態</td><td>試料（固体を含む試料又は固体試料は、推定融点より数度高い温度まで加温して融解する。）を内径16㎜の試験管にとり、常温（15～25℃）に１時間以上放置した後、少量の試料を口に含み香味が良好であるかどうか又は目視で清澄であるかどうかを調べる。濁りを認めたときには、試験管を規格で定める温度に保った水の中に10分間浸して温めた後、清澄であるかどうかを調べる。</td></tr>
<tr><td>２　色</td><td>Ｂ．Ｄ．Ｈ．型ロビボンド比色計を使用し、規格に定められた寸法のセルで測定した場合の試料の色をこれと同等の標準色ガラスの数値をもって表示する。標準色ガラスの枚数は、最少数とし、試料の明度が高過ぎる場合には、試料の方に適当に中性色を加え、同一明度として測定する。測定温度は、25±５℃（食用パーム核油及び食用やし油の場合には32.5±2.5℃、食用パーム油の場合には52.5±2.5℃）とする。</td></tr>
<tr><td>３　水　　　　分</td><td>推定される水分が0.20％以下の場合にはカールフィッシャー法を、0.20％を超える場合には蒸留法を用いる。
１　カールフィッシャー法（容量滴定法）
カールフィッシャー滴定装置（容量滴定法用）を使用し、カールフィッシャー試薬の１mlに対応する水のmg数を以下の(1)で決定した後、(2)で試料を測定する。
(1)　カールフィッシャー試薬の標定
ア　滴定槽に滴定溶媒を20～50ml加え、カールフィッシャー試薬を滴下して無水状態とする。
イ　標定用標準品をシリンジで採取し、含水量が５～100mgになるように0.1mgの桁まで正しく量りとる。
ウ　標定用標準品を滴定槽に速やかに加え、かき混ぜ機を回転し、カールフィッシャー試薬で滴定する。滴定終了後、滴定に要したカールフィッシャー試薬の量を記録する。
エ　標定用標準品に含まれる水の量を算出する。なお、標定用標準品に純水を用いた場合は、標準品の量が水の量となる。
(2)　測定方法
試料の測定方法は、(1)ア～ウに準じる。その際、「標定用標準品」とあるのは「試料」と読み替えるものとする。
(3)　計算
ア　カールフィッシャー試薬の１mlに対応する水のmg数
カールフィッシャー試薬の１mlに対応する水のmg数＝m_1/V_1
m_1：標定に用いた水の量（mg）
V_1：標定に要したカールフィッシャー試薬の量（ml）
イ　食用植物油脂の水分（％）
水分（％）＝$F \times V_2 \times 100/(m_2 \times 1000)$
Ｆ：カールフィッシャー試薬の１mlに対応する水のmg数
m_2：試料重量（ｇ）
V_2：測定に要したカールフィッシャー試薬の量（ml）</td></tr>
</table>

注１：カールフィッシャー試薬は調製済みのもので、カールフィッシャー試薬の１mlに対応する水の量が１～２mgのものを使用する。日本工業規格K 0113（2005）（以下「JIS K 0113」という。）に規定されている方法で調製してもよい。
注２：滴定溶媒は調製済みのもので、滴定に用いるカールフィッシャー試薬に対応したもの。JIS K 0113に規定されている方法で調製してもよい。
注３：標定用標準品として、純水又は水分標準試料（正確な水分量が記載されたもの）を用いる。標定用標準品に含まれる水の量は、カールフィッシャー試薬の１mlに対応する水のmg数及びビュレットの容量に応じて、５～100mgの範囲とする。
注４：試料中の含水量は100mg以下、かつ滴定に要するカールフィッシャー試薬が0.5ml以上になるように、カールフィッシャー試薬の１mlに対応する水のmg数とビュレットの容量を勘案し、試料の量を決定する。

２　蒸留法

下表に示すように推定水分含量に応じて試料及びキシレン（日本工業規格K 8271（2007）（以下「JIS K 8271」という。）一級。以下同じ。）を蒸留フラスコに量りとり、混合した後、沸石を加えて装置を組み、次に、冷却器の上端より検水管に蒸留フラスコの方へあふれるまでキシレンを流し込む。冷却器の上端には軽く綿で栓をする。フラスコを加熱し１分間約100滴の速度で蒸留し、大部分の水分が留出した後は、１分間約200滴とする。検水管に留出した水量が30分間一定となったとき加熱を止め、冷却器及び検水管の内側に付着する水滴を冷却管の上端から差し込んだ後、らせん状針金で落とし、約５mlのキシレンで洗い流す。15分間以上放置してキシレン層が透明になった後、25℃において水量を読み、次式によって水分の百分率を算出する。

$$水分（\%）= \frac{A}{B} \times 0.997 \times 100$$

Ａ：留出した水量（ml）
Ｂ：試料（ｇ）
0.997：25℃における水の密度（ｇ/cm³）

推定水分含量（%）	試　料（ｇ）	キシレン量（ml）
１未満	200	200
１～５	100	100
５以上	留出水量が２～５mlになるよう試料を量りとる。	100

（注）蒸留フラスコは、試料200ｇのときは1,000ml、100ｇ以下のときは500ml内容のものを用いる。

４　きょう雑物

１　測定

(1)　あらかじめ105℃に設定した定温乾燥器（105℃に設定した場合の温度調節精度が±２℃であるもの。以下「乾燥器」という。）にガラスろ過器（日本工業規格R 3503（1994）（以下「JIS R 3503」という。）ブフナー漏斗型3G3又はるつぼ型1G3。以下同じ。）を入れ、表示温度で庫内温度が105℃であることを確認した後、30分間乾燥する。

(2) ガラスろ過器をデシケーター（JIS R 3503に規定するもので、乾燥剤としてシリカゲルを入れたもの。以下同じ。）に移し替え、室温になるまで放冷した後、直ちに重量を0.1mgの桁まで測定する。この操作を繰り返し、恒量を求める。このとき乾燥による重量変化が0.3mg以下になれば恒量とみなす。

(3) 試料20ｇを300ml容フラスコに0.1mgの桁まで測定する。

(4) (3)のフラスコに石油エーテル（日本工業規格 K 8593（2007）特級。以下同じ。）200mlを加えて、試料を溶解する。

(5) 試料を溶解した石油エーテルを(2)のガラスろ過器でろ過する。

(6) (4)のフラスコを石油エーテル20mlで洗浄し、(5)のガラスろ過器でろ過する。この操作を再度行う。次に、ガラスろ過器を石油エーテル20mlで洗浄する。この操作を再度行う。

(7) (6)のガラスろ過器をあらかじめ105℃に設定した乾燥器に入れ、表示温度で庫内温度が105℃であることを確認した後、30分間乾燥する。

(8) (7)のガラスろ過器をデシケーターに移し替え、室温になるまで放冷した後、直ちに重量を0.1mgの桁まで測定する。この操作を繰り返し、恒量を求める。このとき乾燥による重量変化が0.3mg以下になれば恒量とみなす。

2　計算

きょう雑物(%)＝（Ａ／Ｂ）×100

Ａ：残分の重量（ｇ）

Ｂ：試料（ｇ）

注１：ガラスろ過器の代わりにろ紙（日本工業規格P 3801（1995）に規定する５種Ｂに相当するもの）を用いてもよい。その場合は、はかり瓶を用いて恒量操作を行い、漏斗を用いて、ろ過すること。

注２：食用こめ油の場合には石油エーテルの代わりに温キシレン（JIS K 8271（2007）一級）を用いる。１の(6)の操作終了後、ガラスろ過器に残ったキシレンを石油エーテル20mlで洗い流した後、１の(7)の操作を行う。

5　比　　　重

容量25～50mlまでの比重瓶の重量を正しく量る。

次に、一度煮沸して測定温度より２～５℃低い温度に冷却した蒸留水を比重瓶に満たし、蓋又は温度計を差し込んで、水をあふれさせ、すり合わせ部も液で湿らす。恒温水槽に入れ、30分間放置し（0.1℃の目盛の付属温度計を使用する場合は、25±0.2℃になってから５分間放置し）、水の毛細管内の界面を標線に正しく合わせ、恒温水槽から取り出し、比重瓶の外部を乾燥したガーゼでよく拭いて乾かし、その重量を正しく量り、両重量の差から水の重量を求める。

次に、この比重瓶を十分に乾燥し、これに試料を入れ、水の場合と同様に操作して重量を正しく量り、25℃における試料の重量を求め、次式によって比重を算出する。

$$\text{比重}\left(\frac{25}{25}\ ℃\right) = \frac{A}{B}$$

Ａ：25℃における試料（ｇ）

Ｂ：25℃における水（ｇ）

固体を含む試料又は固体試料の場合には、融解温度以上の温度で試料を融解して比重瓶に入れ、規格に定める温度に１時間以上保った後、重量を正しく量り、次式によって比重を算出する。

$$\text{比重}\left(\frac{t}{25}\,℃\right)=\frac{A}{B}$$

Ａ：規格に定める温度（ｔ℃）における試料（ｇ）
Ｂ：25℃における水（ｇ）

6　屈　折　率

この測定にはアッベ屈折計又はこれと同等の性能を有する装置を用い、液体試料の場合には25℃に、固体を含む試料又は固体試料の場合には規格に定められた温度にそれぞれ達するのを待って数値を数回読みとり、その平均値を屈折率とする。

7　上　昇　融　点

毛細管（内径１㎜、外形２㎜以下で長さ50～80㎜の両端の開いているもの）の一端を溶かした試料に浸けて約10㎜の高さに試料を毛細管に満たす。これを10℃以下に24時間あるいは氷上に１時間放置した後、これを温度計（１／５℃目盛、長さ385～390㎜、水銀球の長さ15～25㎜）の下部にゴム輪又は適当な方法で密着させ、それらの下端をそろえる。この温度計を適当な大きさのビーカー（容量600ml程度）に蒸留水を満たした中に浸し、温度計の下端を水面下約30㎜の深さにおく。このビーカーの水を適当な方法でかき混ぜながら、最初は１分間に２℃ずつ、融点の10℃下に達した後には、１分間に0.5℃ずつ上昇するように加熱し、試料が毛細管中で上昇し始める温度を上昇融点とする。

8　冷　却　試　験

試料を120～130℃に５分間ビーカー中で加熱した後、約30℃に放冷する。次に、これを共栓付き試料瓶（容量100～120ml、直径約50㎜）に８～９割まで入れて栓をし、ポリエチレンシート等で栓及び口部を覆い、糸又はゴム輪で固く絞める。次に、水槽又は広口保冷容器（容量２～３Ｌ）に収め、細かく砕いた氷を試料瓶を覆うまで入れ、同時にほぼ０℃に近く冷した水を加えて氷水とした状態で試料瓶を０℃に保ち、規格に定める時間放置して清澄であるかどうかを調べる。

9　酸　　　価

試料（固体を含む試料又は固体試料は、加温して溶解する。）をその推定酸価に対応する下表の採取量に準じて200～300ml容三角フラスコに採取し、重量を0.1mgの桁まで測定する。混合溶剤（エタノール（日本工業規格K 8101（2006）特級。以下同じ。）１容量にジエチルエーテル（日本工業規格K 8103（2013）（以下「JIS K 8103」という。）特級）１～２容量を混合し、滴定用と同じ指示薬を用い、薄いアルカリ液で使用直前に中和したもの）50～100mlを加え、よく振り混ぜて試料を完全に溶解する。試料に応じた指示薬を数滴加え、あらかじめ標定した0.1mol／Ｌ水酸化カリウムエタノール標準液又は0.1mol／Ｌ水酸化カリウム標準液により滴定する。滴定の終点の判断は、フェノールフタレイン溶液を用いた場合は、薄い赤色が30秒間持続した時点とする。また、アルカリブルー6B溶液を用いた場合は、液の色が紫がかった青から紫がかった赤に変化し、その色が10秒間持続した時点とする。

表　推定酸価に対応する試料採取量

酸　価	試　料（ｇ）

0～1	20
1～4	10
4～15	2.5
15～75	0.5
75以上	0.2

$$酸価=\frac{5.611\times V\times F}{S}$$

V：滴定試薬の使用量（ml）
F：滴定試薬のファクター
S：試料重量（g）

注１：指示薬は、一般にはフェノールフタレイン溶液を用い、食用こめ油及び食用とうもろこし油ではアルカリブルー6B溶液を用いる。
注２：混合溶剤について、エタノールの代わりに2-プロパノール（日本工業規格K 8839（2007）特級）を用いてもよい。
注３：滴定試薬に0.1mol／Ｌ水酸化カリウム標準液を用いた場合、滴定量が多くなると試験液が二層に分離することがある。この場合は、混合溶剤を増やす。それでもなお試験液が分離する場合は、試料採取量を減らす。

10 けん化価

試料1.5～2.0ｇを200～300mlの耐アルカリ性のけん化用フラスコに正しく量りとり、これに0.5mol／Ｌ水酸化カリウムエタノール溶液25mlを正しく加える。次に、フラスコに冷却器を付け、時々振り混ぜながら、還流するエタノールの環が冷却器の上端に達しないように加熱温度を調節して穏やかに加熱反応させる。フラスコの内容物を30分間沸騰させた後、直ちに冷却し、内容物が寒天状に固まらないうちに冷却器を外して、フェノールフタレイン指示薬を数滴加え、0.5mol／Ｌ塩酸標準液で滴定する。別に本試験と並行して空試験を行い、次式によってけん化価を算出する。

$$けん化価=\frac{28.05\times(A-B)\times F}{C}$$

Ａ：空試験の0.5mol／Ｌ塩酸標準液使用量（ml）
Ｂ：本試験の0.5mol／Ｌ塩酸標準液使用量（ml）
Ｃ：試料（ｇ）
Ｆ：0.5mol／Ｌ塩酸標準液のファクター

注１：0.5mol／Ｌ水酸化カリウムエタノール溶液は、水酸化カリウム（日本工業規格K 8574（2013）（以下「JIS K 8574」という。）特級）35ｇをできるだけ少量の水に溶解し、これに95%（体積分率）エタノール（日本工業規格K 8102（2012）（以下「JIS K 8102」という。）一級）を加えて１Ｌとし、よく振り混ぜた後、炭酸ガスを遮り、２～３日間放置し、上澄液をとるか又はろ過して耐アルカリ性の瓶に保存したものとする。
注２：冷却器は、外径0.6～0.8cm、長さ100cm程度の薄肉のガラス管よりなる空気冷却器又は還流冷却器で、けん化用フラスコの口にすり合わせ接続のできるものを使用する。

11 よう素価

試料を共栓付フラスコにその推定よう素価に対応する下表の採取量に準

じて正しく量りとり、これにシクロヘキサン（日本工業規格K 8464（2006）特級。以下同じ。）10mlを加えて試料を溶解し、ウィイス液25mlを正しく加え振り混ぜる。栓をした後、時々振り混ぜながら下表に示す時間常温（15～25℃）で暗所に置く。次に、10ｇ／100mlよう化カリウム溶液20ml及び水100mlを加え振り混ぜる。0.1mol／Ｌチオ硫酸ナトリウム標準液で滴定し、溶液が微黄色になったときは、でん粉溶液を数滴加え、よく振り混ぜながら滴定を続け、でん粉による青色が消失するときを終点とする。別に本試験と並行して空試験を行い、次式によってよう素価を算出する。

推定よう素価	３未満	３～10	10～30	30～50	50～100	100～150	150～200	200以上
試料（ｇ）	５～３	3.0～2.5	2.5～0.6	0.60～0.40	0.30～0.20	0.20～0.12	0.15～0.10	0.12～0.10
作用時間（分）	30	30	30	30	30	60	60	60

$$\text{よう素価} = \frac{(A - B) \times F \times 1.269}{C}$$

Ａ：空試験の0.1mol／Ｌチオ硫酸ナトリウム標準液使用量（ml）
Ｂ：本試験の0.1mol／Ｌチオ硫酸ナトリウム標準液使用量（ml）
Ｆ：0.1mol／Ｌチオ硫酸ナトリウム標準液のファクター
Ｃ：試料（ｇ）

注１：シクロヘキサンは新しいものを使用する。試料がシクロヘキサンに溶けにくいときは、シクロヘキサンの量を適宜増してもよいが、量が多くなるとよう素価は低い値となる傾向があるので、できるだけ少ない量を使用する。溶剤量を変えて測定する場合は、空試験も変えた同じ量で行う。試料は、溶剤に溶解すると空気や日光の影響を受けやすいので、なるべく速やかに、又は加温して溶解した場合には冷却した後、ウィイス液を加える。

注２：滴定の際、淡黄色になってからでん粉溶液を加えないと変色が不明確となり、誤差の原因となる。終点の近くでは、一滴ごとに充分強く振り混ぜて、よう素をシクロヘキサンから水溶液へ移行させて滴定する。

注３：よう素価が不明の試料については、ウィイス液のハロゲンの消費量が50％以上のときには試料を減ずる。

12　不けん化物

試料約５ｇを200～300mlの耐アルカリ性のけん化用フラスコに正しく量りとり、１mol／Ｌ水酸化カリウムエタノール溶液（水酸化カリウムJIS K 8574特級、エタノールJIS K 8102特級）50mlを加え、冷却器を付して水浴、砂浴又は熱板上で時々振り混ぜながら加熱し、穏やかに１時間沸騰けん化させる。けん化が終われば加熱を止め冷却器を外し、温水100mlでけん化用フラスコを洗いながら、けん化液を分液漏斗に移し、これに水50mlを加えて常温（15～25℃）になるまで冷却する。
次に、ジエチルエーテル（JIS K 8103特級。以下同じ。）100mlをけん化用フラスコを洗いながら分液漏斗に加え、分液漏斗に密栓をして1分間激しく振り混ぜた後、明らかに2層に分かれるまで静置する。分かれた下層を第2の分液漏斗に移し、これにジエチルエーテル50mlを加え、第1の分液漏斗と同様に振り混ぜた後静置し、2層に分かれたときには、下層は、第3の分液漏斗に移し、同様にジエチルエーテル50mlで抽出を行う。

第2、第3の分液漏斗中のジエチルエーテル層は、各分液漏斗を少量のジエチルエーテルで洗浄しながら第1の分液漏斗に移し、これに水30mlを加えて振り混ぜた後、静置して2層に分け、下層を除く。さらに毎回水30mlと振り混ぜては静置、分別を繰り返して、分別した水がフェノールフタレイン指示薬で着色しなくなるまで洗浄する。洗浄したジエチルエーテル抽出液は、必要に応じて硫酸ナトリウム（無水、日本工業規格K 8987（2006）特級）で脱水処理した後、乾燥したろ紙でろ過して500ml程度の蒸留フラスコに移し、さらに、抽出液の容器、ろ紙などを全て少量のジエチルエーテルで洗浄して、これも蒸留フラスコに加える。蒸留フラスコのジエチルエーテルを蒸留除去してその液量が50ml程度となったときには、冷却し、少量のジエチルエーテルでフラスコを洗いながら濃縮されたジエチルエーテル抽出液をあらかじめ正しく重量を量った100ml丸底フラスコに移す。

丸底フラスコのジエチルエーテルをほとんど蒸留除去し、次に、アセトン（日本工業規格K 8034（2006）特級）3mlを加えて同様にその大部分を蒸留除去した後、軽い減圧下（27kPa程度）で70～80℃に30分間加熱してから丸底フラスコをデシケーター中に移し、30分間放置冷却する。

丸底フラスコの重量を正しく量り抽出物の重量を求めておく。

丸底フラスコにジエチルエーテル2mlと中性エタノール（JIS K 8102特級）10mlとを加えてよく振り混ぜ抽出物を溶解した後、フェノールフタレイン指示薬を用い、0.1mol／L水酸化カリウムエタノール標準液で混入している脂肪酸を滴定し、指示薬の微紅色が30秒間続いたときを終点とし、次式によって不けん化物を算出する。

$$\text{不けん化物（\%）} = \frac{A - B}{C} \times 100$$

A：抽出物（g）
B：混入する脂肪酸（g）
C：試料（g）

なお、混入している脂肪酸（オレイン酸、g）の算出は、次のとおりとする。

B（g）＝{0.1mol／L水酸化カリウムエタノール標準液の使用量（ml）×0.1mol／L水酸化カリウムエタノール標準液のファクター}×0.0282

注1：冷却管は、けん化価測定に用いるものと同一のものとする。

注2：混入している脂肪酸は、一般にオレイン酸と仮定する。ただし、食用やし油、食用パーム核油ではラウリン酸（0.0200）、食用パーム油ではパルミチン酸（0.0256）とそれぞれ仮定する。この場合には、0.0282（オレイン酸）の代わりに各脂肪酸に該当する重量換算係数（括弧内の数値）を用い、かつ、不けん化物の数値に混入脂肪酸名を併記する。

13　脂肪酸に占めるオレイン酸の割合

1　脂肪酸メチルエステルの調製

試料約0.2gを50ml容すり合わせ式フラスコに量りとり、0.5mol／

Ｌ水酸化ナトリウム・メタノール溶液４mlを加え、冷却器を付けて試料が均一に溶解するまで水浴上又は電気式ヒーターで加熱する。
次に、冷却器の上端から三フッ化ホウ素・メタノール試薬５mlを加えて２分間沸騰させた後、冷却器の上端からｎ－ヘキサン５mlを加え、さらに１分間沸騰させる。加熱を止めてフラスコを冷却器から外し、ヘキサン溶液がフラスコの首に達するまで塩化ナトリウム飽和水溶液を加える。
次に、上層のヘキサン溶液約２mlを共栓試験管に移し、これに少量の無水硫酸ナトリウムを加え、随時振り混ぜながら30分間以上静置して脱水し、透明になった溶液を試験溶液とする。

2　ガスクロマトグラフィーの条件

(1)　ガスクロマトグラフ
日本工業規格K 0114（2000）に規定する水素炎イオン化検出器付きのもので、キャピラリーカラムが使用でき、かつ、昇温分析が可能なもの

(2)　カラム
内径約0.25mm、長さ約25～30ｍの金属、石英ガラス等の細管に50％シアノプロピルメチルシリコン又はポリエチレングリコールを膜厚約0.25μｍの厚さでコーティングしたもの又はこれと同等以上の分離能をもつもの

(3)　カラム温度
140℃付近から毎分2.5～5.0℃の割合で240℃付近まで昇温する。

(4)　キャリヤーガス
ヘリウムを用い、脂肪酸メチルエステル標準溶液の全てのピークの保持時間が５～30分の範囲内で、かつ、オレイン酸メチルのピークの保持時間が８～15分の範囲内となるよう流量を調整する。

(5)　注入方式
スプリット方式

3　脂肪酸に占めるオレイン酸の割合の測定
試験溶液をガスクロマトグラフに注入してクロマトグラムを得た後、下表の脂肪酸について記録された各成分のピーク面積を測定し、ピーク面積の総和に対するオレイン酸メチルとバクセン酸メチルのピーク面積を合算したものの百分率をもって脂肪酸に占めるオレイン酸の割合とする。
目的のピークとベースラインを拡大し、高さがベースラインのノイズ幅の10倍以上であるピークを用い、次式によって脂肪酸に占めるオレイン酸の割合を算出する。

(1)　サフラワー油
脂肪酸に占めるオレイン酸の割合（％）

$$= \frac{(\text{Areaオレイン}+\text{Areaバクセン})}{(\text{Areaパルミチン}+\text{Areaステアリン}+\text{Areaオレイン}+\text{Areaバクセン}+\text{Areaリノール}+\text{Area}\alpha\text{－リノレン}+\text{Areaアラキジン}+\text{Areaエイコセン}+\text{Areaベヘニン}+\text{Areaリグノセリン})}$$

(2)　ひまわり油
脂肪酸に占めるオレイン酸の割合（％）

$$= \frac{(\text{Areaオレイン}+\text{Areaバクセン})}{(\text{Areaパルミチン}+\text{Areaステアリン}+\text{Areaオレイン}+\text{Areaバクセン}+\text{Areaリノール}+\text{Areaアラキジン}+\text{Areaエイコセン}+\text{Areaベヘニ}}$$

ン＋Areaリグノセリン)
Areaパルミチン：パルミチン酸メチルのピーク面積
Areaステアリン：ステアリン酸メチルのピーク面積
Areaオレイン：オレイン酸メチルのピーク面積
Areaバクセン：バクセン酸メチルのピーク面積
Areaリノール：リノール酸メチルのピーク面積
Areaα－リノレン：α－リノレン酸メチルのピーク面積
Areaアラキジン：アラキジン酸メチルのピーク面積
Areaエイコセン：エイコセン酸メチルのピーク面積
Areaベヘニン：ベヘニン酸メチルのピーク面積
Areaリグノセリン：リグノセリン酸メチルのピーク面積

サフラワー油 (ハイオレイック)	ひまわり油 (ハイオレイック)
パルミチン酸(16:0)	パルミチン酸(16:0)
ステアリン酸(18:0)	ステアリン酸(18:0)
オレイン酸(18:1(9))	オレイン酸(18:1(9))
バクセン酸(18:1(11))	バクセン酸(18:1(11))
リノール酸(18:2(9,12))	リノール酸(18:2(9,12))
α－リノレン酸(18:3(9,12,15))	－
アラキジン酸(20:0)	アラキジン酸(20:0)
エイコセン酸(20:1)	エイコセン酸(20:1)
ベヘニン酸(22:0)	ベヘニン酸(22:0)
リグノセリン酸(24:0)	リグノセリン酸(24:0)

注１：試験に用いる水は、日本工業規格K 0557（1998）に規定するＡ２又は同等以上のものとする。
注２：試験に用いる試薬は、日本工業規格の特級等の規格に適合するものとする。
注３：脂肪酸メチルエステル標準液は、パルミチン酸メチルエステル、ステアリン酸メチルエステル、α－リノレン酸メチルエステル、アラキジン酸メチルエステル、エイコセン酸メチルエステル、ベヘニン酸メチルエステル、リグノセリン酸メチルエステル及びバクセン酸メチルエステル各４～５mg、オレイン酸メチルエステル50～70mg並びにリノール酸メチルエステル10～15mgを量りとり、ヘキサン10mlを加えて溶解して調製する。
注４：測定前に以下の事項を満たすようガスクロマトグラフの調整を行う。

(1) 保持時間安定性

脂肪酸メチルエステル標準液を３回測定したとき、オレイン酸メチルのピークの保持時間の最大値と最小値の差が、最大値の２％以下であること。

(2) 検出限界

アラキジン酸メチル、エイコセン酸メチル又はベヘニン酸メチルを約40μg／mlに調製した溶液を測定したとき、ピークの高さがベースラインのノイズ幅の10倍以上であること。

(3) ピーク分離

脂肪酸メチルエステル標準液を測定したとき、各脂肪酸メチルの隣接するピーク間の谷の高さが低い方のピークの高さの10

	%未満であること。ただし、オレイン酸メチルとバクセン酸メチルのピーク間を除く。
14 過酸化物価	試料約10gを共栓三角フラスコに正しく量りとり、これにイソオクタン・氷酢酸混液（イソオクタン及び氷酢酸を2：3の容量の割合で混合したもの）60ml以上を加えて均一に溶解する。 次に、フラスコ内の空気を窒素ガスで十分に置換し、新たに煮沸した水で調製した飽和ヨウ化カリウム溶液1mlを加え、直ちに共栓をして1分間振り混ぜた後、暗所に常温で5分間放置する。これに水60mlを加え、激しく振り混ぜ、でん粉溶液を指示薬として、0.01mol／Lチオ硫酸ナトリウム標準液で滴定する。別に本試験に先立って空試験を行い、でん粉溶液で青色にならないことを確認した後、次式により過酸化物価を算出する。 $$過酸化物価（meq/kg）= \frac{A \times F}{S} \times 10$$ S＝試料の採取量（g） A＝0.01mol／Lチオ硫酸ナトリウム標準液の使用量（ml） F＝0.01mol／Lチオ硫酸ナトリウム標準液の力価

（注）一般状態、水分、きよう雑物以外の事項についての測定にあっては、試料が濁っている場合に限りあらかじめ乾燥ろ紙でろ過すること。

別記様式

名　　称 原材料名 内 容 量 賞味期限 保存方法 原産国名 製 造 者

備考

1　この様式中「名称」とあるのは、これに代えて「品名」と記載することができる。

2　賞味期限をこの様式に従い表示することが困難な場合には、この様式の賞味期限の欄に記載箇所を表示すれば、他の箇所に記載することができる。この場合において、保存方法についても、この様式の保存方法の欄に記載箇所を表示すれば、賞味期限の記載箇所に近接して記載することができる。

3　保存方法の表示を省略するものにあつては、この様式中「保存方法」を省略すること。

4　表示を行う者が販売業者である場合にあつては、この様式中「製造者」を「販売者」とすること。

5　輸入品にあつては、4にかかわらず、この様式中「製造者」を「輸入者」とすること。

6　輸入品以外のものにあつては、この様式中「原産国名」を省略すること。

7　この様式は、縦書とすることができる。

最終改正の改正文・附則（平成26年8月29日農林水産省告示第1139号）抄

平成26年9月28日から施行する。

附　則

1　この告示の施行の際現にこの告示による改正前の食用植物油脂の日本農林規格により格付の表示が付された食用植物油脂については、なお従前の例による。
2　この告示による改正後の第３条及び第16条の表食品添加物の項の規定の適用については、同項の規定にかかわらず、平成28年３月27日までの間は、なお従前の例によることができる。

索　引

ア　行

カ　行

サ　行

タ　行

ナ　行

ハ　行

マ　行

ヤ　行

ラ　行

■原著者

原田一郎（はらだ　いちろう）・農学博士

1921年　大阪市に生まれる
1944年　京都大学農学部農林化学科卒業
同　年　豊年製油株式会社 入社
1970年　財団法人 杉山産業化学研究所 所長
1976年　福井大学 教授
1979年　静岡女子大学 教授
1986年　財団法人 杉山産業化学研究所 理事長

■改訂編著者

戸谷洋一郎（とたに　よういちろう）・工学博士

1940年　千葉県に生まれる
1972年　成蹊大学大学院工学研究科博士課程修了
　　　　成蹊大学工学部 助手
1977年　成蹊大学工学部 専任講師
1978年　成蹊大学工学部 助教授
1987年　成蹊大学工学部 教授
2004年　財団法人 日本油脂検査協会 理事長
2005年　成蹊大学理工学部 教授
成蹊大学名誉教授，元 公益財団法人 日本油脂検査協会 理事長
2017年11月にお亡くなりになる．

改訂新版　油脂化学の知識

1970年3月10日　初　　版　第1刷　　発行
2002年5月30日　改訂増補　第3版3刷　発行
2015年5月15日　改訂新版　初版第1刷　発行
2024年7月29日　改訂新版　初版第5刷　発行

原 著 者　原田一郎
改訂編著者　戸谷洋一郎
発 行 者　田中直樹
発 行 所　株式会社　幸書房
〒101-0051　東京都千代田区神田神保町2-7
TEL03-3512-0165　FAX03-3512-0166
URL　http://www.saiwaishobo.co.jp

組　版：デジプロ
印　刷：錦明印刷

ISBN978-4-7821-0398-2　C3058